나는 ^{우리} 관리소장이다

좋은땅

발간사

공동주택관리업계 국내 1위인 우리관리는 2002년 출범과 동시에 업계 최초로 관리소장 정기 공개채용제도를 도입한데 이어 종합 관리체계 구축, 주생활연구소 발족, 관리비절감 및 서비스개선 사례 경진대회 개최 등 다방면으로 공동주택관리의 선진화를 위해 노력해 왔습니다.

이에 '투명한 관리는 깨끗한 인사에서 시작한다.'는 우리관리의 모토가 사회적 공감을 얻어 공동주택관리업이 대중으로부터 신뢰받는 산업이 되기를 기대하며, 관리소장들의 이야기를 엮어 한 권의 책으로 발행하게 되었습니다.

'나는 우리 관리소장이다'는 공동주택에서 근무하는 관리소장의 일대기라고도 할 수 있습니다. 사회에서 각자 멋진 삶을 일궈온 분들의 새로운 삶을 설계하는 시점부터 은퇴를 앞둔 관리소장의 회고에 이르기까지 다양한 이야기가 담겨 있습니다.

또한 제2의 아름다운 인생을 꿈꾸며 관리소장을 준비하는 분들을 위해 우리관리의 관리소장 채용과정과 인사시스템에 관해서도 이야기마다 알기 쉽게 소개했습니다.

늘 새롭게 도전하는 우리관리 관리소장을 비롯한 공동주택관리업에 종사하시는 모든 분께 감사와 응원의 박수를 보내며, 책이 발행 될 수 있도록 도움을 주신 김미경, 전형만, 유기수, 장동국, 김상욱, 정윤희, 최은우, 강정화, 이현산, 김병운, 장수권, 권은주, 김종경, 이창용, 정윤복, 하문숙, 이대수, 김정임, 김순태, 하호성 님께 감사드립니다.

우리관리주식회사 대표이사 회장

노 병 용

차례

약 속

관리소장 김미경

관리소장으로서 첫걸음을 떼기 전,
내 마음의 숲, 그 중심에서 나는 말했다

나는 정직한 관리소장이 될 거야
신뢰받는 관리소장이 될 거야
그러니까 지켜봐 줘

10년이 지나도 늘 새롭게 도전하는
관리소장이 될 테니까

10년의 세월 뒤,
지금 내 마음의 숲은 더 울창해졌다.

나는 그렇게 감사와 기쁨으로
관리소장의 길을 걷고 있다

8인의
관리소장
도전기

전형만

유기수

장동국

김상욱

정윤희

최은우

강정화

이현산

주택건설에서 주택관리로!

전형만(공채14기)

건설회사의 국내외 현장과 본사에서 짧지 않은 기간 동안 고객과의 접점에서 그들과 호흡하며 애증을 함께하다 퇴직했다. 이후 쉬는 것도 잠시. 인생 2막을 위해 새로운 직업을 갖고자 하는 열망이 꿈틀거리던 차에 현직 관리소장님을 알게 되었다. 그리고 바로 인근 주택관리사 입시학원을 찾아 도전을 시작했다.

공부하면서 관리소장이 되는 길이 녹록지 않다는 얘기는 들었지만, 막상 주택관리사 시험에 합격하고 나니 취업을 위한 남은 여정이 더 큰 난관임을 곧 깨달았다. 관리소장이 되기 위한 과정 중에서 주택관리사 시험이 가장 쉽다는 말이 현실로 다가왔다.

우리관리의 공채시험 또한 매우 엄격하고 치열했기에 더 많은 준비가 필요했다. 결과적으로 면접 및 과제를 준비하는 과정은 관리소장의 직무수행을 위한 기초를 다지는 계기가 되었고, 철저하게 주민 편에서 공정성과 객관성을 확보해 나가는 자세를 견지하도록 해주었다. 이제 관리소장으로서 시작하는 첫걸음이기에 더욱 겸손하고 진정성 있게 주민들과 직원들에게 다가가며, 언제나 공감하며 소통하는 관리소장이 되기를 꿈꾸어 본다.

공무원에서 공동주택 관리소장으로의 변신

유기수(공채14기)

대학 졸업 후 소위 철밥통이라는 공직에 1985년 입문했지만, 25년이란 시간이 지나 그 철밥통을 끝까지 지키지 못하고 사회로 달려 나왔다. 이후 생소한 조선업계에서 6년 동안 근무했으나 이마저도 2017년 초에 조선 경기침체로 그만두고 새로운 인생을 고민하게 되었다. 그게 바로 관리소장이었고 바로 주택관리사에 응시해 합격이란 기쁨을 얻었다.

그렇게 소방안전관리자, 시특법, 승강기안전교육, 관리소장 배치 전 교육 등을 모두 마치고 취업 문을 두드렸다. 하지만, 돌아온 대답은 "관련 경력이 없다", "쓸데없이 스펙이 높다"가 대부분. 특히나 충격이 컸던 것은 쓸모없는 학력과 경력을 낮추라는 요구였다.

결국 당시 거주하던 경남에서 취업을 포기하고 관리소장 정시 공채제도를 국내 최초로 도입한 업계 1위, 우리관리 관리소장에 도전하기로 했다. 타사보다 무경력자의 합격 가능성이 상대적으로 높은 것도 우리관리를 선택한 이유이기도 했다. 지금은 154세대의 아파트에서 경리겸직 소장으로 이제 막 출발선을 지나 힘차게 달리고 있다. 우리나라 최고의 건물관리 회사인 우리관리 일원으로서 회사와 입주민, 동료직원들에게 부끄럽지 않고 소위 '밥값'하는 소장이 되고 싶다는 바람도 가지게 되었다. 끝으로 관리소장을 꿈꾸는 예비 소장님들께 '목표가 있다면 주저하지 말고 꼭 동참하라'고 말씀드리고 싶다.

금융인의 옷을 벗고 관리소장의 옷을 입다

장동국(공채14기)

대학 졸업 후 입사한 은행 생활 27년. IMF 사태, 은행합병, 리먼 사태 등 수많은 고비도 많았지만 그래도 나는 끝내 완주를 했다. 명예퇴직을 신청하던 날이었다. 지난 27년간 지내온 삶의 기억들이 주마등처럼 뇌리를 스쳐 지나갔다. 그리고 앞으로 인생 2모작은 어떻게 해야 할지 정말 암담했다. 퇴직 후 여행을 다니고 못 다 읽은 책을 뒤적이면서도 마음 한편에는 '남은 인생을 어떻게 살아야 할까'라는 질문이 끊임없이 이어졌고 그러던 중 주택관리사에 대한 정보를 얻어 새로운 도전에 임하게 되었다. 인터넷 강의를 들으며, 동네 도서관에서 보낸 6개월. 처음에는 옛 추억이 새로웠지만 무거운 머리와 들썩이는 엉덩이는 정말 참기 힘든 고통이었다.

그러나 뜻이 있는데 길이 있다고... 다행히 주택관리사 시험에 동차 합격했다. 합격 통지를 받던 날, 기쁨을 주체할 수 없었지만, 이내 주택관리사 시험 합격이 곧 취업이 아님을 깨달았다. 결국 다시 취업정보를 수집하면서 위탁관리회사에 입사하는 것. 그것도 우리나라 1위 기업, 우리관리에 입사하는 것이 취업의 지름길임을 알게 되었다. 우리관리에서 낸 과제물과 프레젠테이션 등을 수행하며 주택관리업계의 현주소를 어렴풋이나마 살펴볼 수 있었다. 또한 주택관리는 전문성, 사명감으로 무장한 오케스트라의 지휘자처럼 주민들과의 신뢰를 바탕으로 화합의 결과물을 만들어 내야 한다는 것을 알았다. 2018년 2월 우리관리 관리소장으로 대화동 소재 성저건영빌라13단지에 부임했다. 그리고 분위기 적응도 하기 전 바로 공사를 시작해 우여곡절 끝에 공사를 마치니 어느새 1년 여의 시간이 흘렀다. 그리고 지금도 단지를 순찰하면서 마주치는 여러 주민으로부터 "공사하느라 수고 많으셨습니다."라는 감사 인사를 받고 있다. '이제 나도 드디어 관리소장으로 인정을 받는구나'라는 생각에 뿌듯하고 가슴 뜨거운 무언가가 솟아오름을 느낀다. 그렇게 나는 하루하루를 보내며 관리소장이라는 전문직업인으로 거듭나고 있다.

건설 광고인의 꿈, 관리에서 완성하다

김상욱(공채14기)

주택관리사가 되기 전 건설광고업에 종사하며, 주로 건설사가 분양하는 아파트를 잘 팔기 위한 광고기획과 영업을 했다. 우리나라는 선분양 후시공으로 집을 판다. 세계적으로도 유일하다. 한마디로 나중에 지어질 집이 아직은 없지만 누군가는 팔고 누군가는 그것을 산다. 당연히 야근은 일상이고 챙겨야 할 것은 넘쳐난다. 호황기에는 신규 분양, 불황기에는 미분양으로 일도 끊이지 않는다. 날뛰는 소에 오래 앉을 수 있는 소몰이꾼은 없다. 그래서 버티는 시간을 재는 것이다.

내 삶도 마찬가지였다. 멈추고 싶었다. 결국 급제동이 걸리고 멈추어야만 했다. 내 몸과 마음을 챙겨야 할 때가 온 것이다. 인생 후반기를 대비하여 천천히 오래 하면서 보람을 느낄 수 있는 일이 무엇일까? 고민 중에 주택관리사를 선택했다. 이제는 판매가 아니라 관리를 선택한 것이다. 덕분에 '내 집처럼 관리하자'라는 초짜 관리소장의 엄숙한 가치관이 생겼다. 그리고 주택관리사 합격에 이어 우리관리 관리소장이 되기까지 송곳 질문을 수반한 면접과 까다로운 과제수행 등 긴장 속에 지내온 시간이 지금은 보람된 추억으로 남아있다. 사실 나는 운이 좋게도 우리관리 공채14기로 2018년 1월, 용인 신갈에 위치한 신미주 아파트로 비교적 일찍 발령받았다. 여전히 긴장의 끈을

놓지 못한 상태로 일찍 단지 배치를 받은 것이다. 아니나 다를까 겨울은 춥고 사람은 낯설고 일은 시렸다. 단지를 다 파악하기도 전, 결빙으로 물이 안 나온다는 민원이 빗발쳤다. 직원과 함께 해빙기를 들고 다니고 동대표 선출을 위해 동분서주하며 주민들과 상견례를 하였다. 그리고 재도장 공사. 이렇게 정신 없이 시간은 내 맘도 모르고 흘러간다. 여전히 늘 새로움의 연속이고 예측할 수 없는 길을 걷는 것 같아 불안하지만 한발 한발 나아가고 있다.

그래도 요즘은 입주민들에게 아파트가 좋아지고 있다는 칭찬을 듣기 시작해 제법 자신감이 생기는 듯하다. 소의 걸음이라도 꾸준히 나아가면 천 리를 간다는 우보천리(牛步千里)는 내가 좋아하는 사자성어다. 난 서두르지 않는 관리소장이 되려 한다. 멀리 보며 조바심내지 않을 것이다. 지금 나의 바람은 향후 이곳에서 관리를 참 잘했다는 평가로 마침표를 찍는 것이다.

아파트 경리주임에서 관리소장으로의 도전

정윤희(공채14기)

 서울에서 경기도로 이사를 하면서 친구의 권유로 아파트 관리사무소 경리주임으로 입사를 하게 되었다. 첫 근무지는 1,000세대가 넘는 단지였다. 주 경리로 근무하면서 거친 욕설과 말도 안 되는 요구로 떼쓰는 민원인을 상대하는 일들이 비일비재했다. 그러다 보면 근무시간에는 도무지 행정업무를 할 수가 없었고 자료가 제대로 정리되어 있지 않다 보니, 서류 하나 찾는 것이 보물찾기하듯 구석구석을 뒤져야 했다. 그렇게 10년간 서류를 정리하다 보니 이후에는 단지를 옮길 경우, 서류부터 정리하는 것이 습관이 생겼다.

 '정 주임'이라는 이름으로 10여 년간 관리사무소에 근무하면서 주택관리사라는 업무에 점점 매력을 느끼게 되었다. 나도 할 수 있다는 자신감으로 매일 23Km의 거리를 1시간가량 운전하면서 회사와 학원을 오가며 주택관리사 시험을 준비했다. 우여곡절도 많았다. 공부를 시작한 지 얼마 되지 않아 건강 문제로 수술을 하게 되었고 회복이 늦어지면서 가정, 일, 공부를 병행하는 것이 정말 내게는 너무 버거운 일이었던 것 같다.

 합격할 수 있을 것이라는 다짐과 노력에도 불구하고, 실패의 쓴맛을 보게 되었지만, 재도전을 통해 결국 합격의 달콤함을 맛보았다. 그러나 합격의 기쁨은 잠시뿐!

나는 아파트 관리소장이다

16

합격하면 다 되는 줄 알았더니 이력서, 자기소개서, 과제물과 면접 준비. 거울을 보고 수십 번 인사하고. 녹음 후 다시 교정하고 동영상도 찍어가며 발표 연습을 수십 번 했다. 면접당일의 온종일 이어지는 면접 대기 시간의 긴장감과 초조함은 말로 다 표현할 수가 없을 것 같다.

관리소장으로 임명 받고 벌써 10년 같은 1년이 지나갔다. 힘들고 어렵고 난감하고 기가 막힌 일도 많았지만, 내가 맡은 단지는 내가 주인이라는 마음가짐으로 살아가고 있다.

지금 내게 바람이 있다면 멋지고 훌륭하지는 않아도 건강한 모습으로 직원들과 소통하면서 주민의 행복한 주거공간이 되도록 언제나 최선을 다하는 이웃 같은 관리소장이 되고 싶다는 것이다.

학습지 교사의 친화력으로 관리소장의 꿈을 품다

최은우(공채14기)

10년 넘게 학습지 교사의 길을 걸어왔다. 때로는 좌절하고 힘들었지만, 나로 인해 조금씩 성장해 가는 아이들을 보면 학습지 교사는 참 매력 넘치는 일이었던 것 같다. 그러나 밤늦게까지 시간에 쫓겨 종종거리며 눈이 오나 비가 오나 가가호호 방문하는 일을 언제까지 할 수 없기에 나는 새로운 직업에 대해 고민하기 시작했다.

 학습지 교사를 하며 자연스럽게 터득한 친절과 누구에게나 친근하게 다가가는 친화력을 최대한 발휘할 수 있고 나이와 상관없이 능력만 갖추면 할 수 있는 일을 찾다 보니 관리사무소 일이야말로 나를 위한 일이 아닌가 하는 생각이 들었다.

 뜻이 있는 곳에 길이 있고 간절히 원하면 이루어지듯 마침내 입주아파트 서무주임으로 근무할 기회를 얻게 되었다. 산전수전 공중전까지 관리사무소에서 일어날 수 있는 많은 일을 경험하며 경리주임으로 올라섰다. 그러고 나니 '관리업계에 입문했으니 이왕이면 관리사무소의 최고 책임자인 관리소장을 해보고 싶다'는 목표를 갖게 되었고 틈틈이 공부해 두 번의 도전 끝에 합격통보를 받았다. 2018년 1월부터 시작한 관리소장. 언제나 최선을 다했듯이 앞으로도 우리관리 공채 14기 관리소장으로서 긍지를 가지고 '목표가 있는 최고의 소장'이 되도록 노력할 것이다.

건설에서 시작해 관리에서 완성하다

강정화(공채14기)

 공동주택 관리소장에 도전하기 전까지 다년간 건설현장 시공사와 감리단 사무소에서 행정·회계·민원 업무를 담당했다. 해가 갈수록 익숙함이 주는 편안함이 좋았지만, 결과는 반쪽짜리 편안함이었다. 공사가 종료되면 계약만료로 새로운 현장을 찾아야 했고 운이 좋게도 매번 바로 근무할 수 있었지만, 언젠가는 다시 새로운 일을 찾아야 한다는 것을 알고 있었다. 어느 순간 지인의 주택관리사 권유에 '잘할 수 있을 것 같다'는 자신감만으로 겁 없이 주택관리사에 도전했다. 지금 생각하면 주택관리사 시험 합격은 시작에 불과했고 높은 취업 문이 기다리고 있었기에 참으로 우스운 결정이었다. 아니 아무것도 몰랐기에 가능했는지도 모른다. 공동주택 근무경험이나 화려한 직장경력이 있는 것도 아니었기에 내가 정말 무모했음을 한없이 느꼈던 것 같다.

 취업을 위해 여기저기 자료를 찾아보던 중 신입직원을 뽑을 때 경험과 실적보다는 그 사람의 '자질'을 보고 결정한다는 우리관리주식회사 노병용 대표이사 회장님의 인터뷰 기사가 눈에 띄었다. 어쩌면 공동주택관리 경험이 없는 내게도 기회가 올 수 있겠다는 희망을 품게 되었고 그 희망은 현실이 되었다. 지금 내가 관리소장의 삶을 사는 것과 모든 직면하는 상황에 감사할 수밖에 없는 이유다.

경리학원부터 천천히 다시 시작해서 기필코 내가 관리사무소에 발을 내디딜 것이고 언젠가는 관리소장을 하고야 말겠다는 마음을 다잡고 있을 때, 우리관리가 나를 선택해줬으니 그 선택에 반짝반짝 빛이 나도록 감사한 마음으로 작은 인연도 소홀히 생각하지 않을 것이다. 입주민이 믿고 찾을 수 있는 신뢰받는 소장이 되기까지 공부하며 맞닥뜨리는 삶의 모든 것을 배워나갈 것이다. 이제 겨우 시작이지만, 나이가 들어 관리소장의 옷을 벗을 때까지 지금의 다짐을 기억하고자 한다.

'작은 일을 소홀히 하지 않고 큰 일을 두려워하지 말자.'

육군 대대장에서 아파트 이등병으로

이현산(공채14기)

33년의 군 생활을 마친 뒤, 선배와 지인들에게 여러 조언을 구한 끝에 주택관리사를 선택하게 되었다. 정년이 없다는 것이 마음에 들었기 때문이다. 열심히 준비한 결과 주택관리사 시험 및 우리관리 관리소장 공개채용에 합격했다. 그리고 아파트관리 경험이 없는 터라 아파트 관리팀장으로 배치받았다. 이유야 어찌되었든 드디어 나는 평생 직업을 갖게 된 것이다.

취업은 되었지만, 처음에는 무척이나 두려웠다. 어쩌면 두려웠다기보다는 막막했는지도 모른다. 당장 무슨 일을 해야 하는지. 앞으로 어떻게 적응해 나가야 하는지에 대해서 전혀 감이 잡히지 않았다. 두렵고 낯설게만 느껴지는 군에 막 입대한 이등병의 마음을 이해할 수 있을 것 같았다. 그 순간부터 나는 스스로 아파트 이등병이라고 자인하며 업무에 임하고 있다. 지금까지 내가 무엇을 했던지 그것은 모두 과거이기에 앞으로 내가 개척해 나가야 할 인생만을 생각하며, 하나하나 배운다는 자세로 지내왔다. 지금은 대한민국에서 가장 훌륭한 주택관리사가 되겠다는 큰 꿈을 품고 있다.

 어느 책에서 짜장면 배달원이 세계에서 가장 훌륭한 배달원이 되겠다는 각오로 일한 결과 그는 얼마 안 되어 짜장면집 사장이 된 사례를 읽은 적이 있다. 맡은 일에 사명감을 가지고 임했기 때문에 이룰 수 있었던 성과였다.

 관리업계의 경험이 얼마 안 되지만, 업무에 임하면서 내 스스로 다그쳐야 할 순간이 있다. 어느덧 업무에 익숙해져 나태해지려는 순간마다 처음 나의 각오가 무엇이었는지를 생각하며 초심으로 돌아가기 위해 노력을 하게 된다. 열심히 하다보면 언젠가는 일병으로 진급할 때가 오리라 생각하면서...

 그래서 나는 오늘도 각오를 되새기며, 업무에 임하고 있다. 대한민국에서 가장 훌륭한 주택관리사를 꿈꾸면서 말이다.

공동주택 관리소장은

 공동주택 위탁관리를 맡은 회사를 대신하여 단지에 상주하며 입주민에 대한 민원을 해결, 장기수선계획 수립 및 건물의 장수명화를 위한 노력, 예산사용의 투명성 확보, 관리규약 개정 및 관리비 절감, 하자보수 및 안전사고 예방, 관리사무소 직원들을 지도·감독하는 일을 담당한다.

 관리소장의 인사에 대한 책임은 위탁관리회사에 있으며, 위탁관리회사는 공동주택관리법의 적용대상인 아파트와 집합건물의소유및관리에관한법률(이하 집건법)의 적용대상인 건물에 대해 시설, 보안, 미화, 행정업무를 총괄하여 운영·관리할 책임을 갖는다. 우리나라 주택관리업자로 등록된 회사는 약 672곳(국토교통부 2019 주택업무편람)에 이른다.

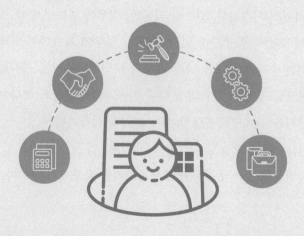

관리소장 공개채용 및 배치현황

우리관리는 '투명한 관리는 깨끗한 인사로부터'라는 슬로건을 내세워 2002년 출범과 동시에 업계 최초로 정기 관리소장 공개채용을 시행하고 있다.

공동주택을 비롯한 집합건물관리 1위 기업으로서 공정하고 투명하게 우수 인재를 채용·배치해 관리의 전문화, 차별화, 브랜드화로 선진 관리문화를 선도하고 있다.

-

우리관리는 매년 해당연도 주택관리사 시험 합격자를 대상으로 관리소장 공개채용을 시행해 2019년 공개채용 기준, 출범 이후 총 815명의 신임 관리소장을 배출했다.

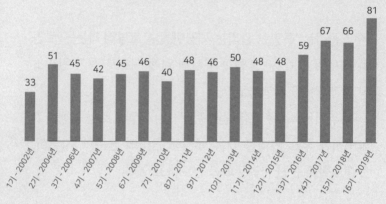

2002 ~2019년 관리소장 공개채용 합격자 수

기수 - 연도	합격자 수
1기 - 2002년	33
2기 - 2004년	51
3기 - 2006년	45
4기 - 2007년	42
5기 - 2008년	45
6기 - 2009년	46
7기 - 2010년	40
8기 - 2011년	48
9기 - 2012년	46
10기 - 2013년	50
11기 - 2014년	48
12기 - 2015년	48
13기 - 2016년	59
14기 - 2017년	67
15기 - 2018년	66
16기 - 2019년	81

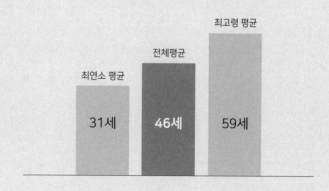

2002 ~2019년 관리소장 합격자 평균나이

최연소 평균	전체평균	최고령 평균
31세	46세	59세

관리소장, 이제 시작이다

나는 그렇게 관리소장이 되었다

관리소장 김병운

제2의 인생? 관리소장으로 정했어!

25년 다니던 직장에서 퇴직. 무엇을 하고 싶다든가, 무엇을 해야 할지 내가 선택할 수 있는 것은 아무것도 없었다. 그저 막막함 그 자체였다. 우연히 지인으로부터 "대한민국 공동주택이 1000만 가구가 넘고 관리소장은 60세가 넘어도 은퇴가 없다고 합니다. 한번 도전해 보면 어떻겠습니까?"라고 주택관리사에 대해 권유를 받았다.

너무 생소한 분야라서 관심도 없었지만, 내가 사는 아파트에 대해 먼저 알아보고 주변을 살피기 시작했다. 주거공간으로만 여기던 아파트는 새로운 삶의 터전으로 보이기 시작했고 관리소장이라는 새로운 직업의 세계를 동경하기 시작했다.

막상 관리소장에 도전하려니 처음에는 강의를 들어도 이해하기 어렵고 책상에 오래 앉아 있기도 힘들었다. 하루 4시간의 동영상 강의와 4시간 복습. 그리고 다음 날 예습 4시간, 이렇듯 반복해서 두 달 정도 공부하며 첫 모의고사를 보았다. 평균 35점으로 실망스러운 결과가 나왔다. 나이 오십에 하는 공부라서 그런가? 이건 뭐 붕어도 아니고 하루가 지나면 까먹고 돌아서면 또 까먹기만 하니 중도에 포기할까도 생각했다. '과연 주택관리사가 전망이 있을까?'라고 의심하면서 말이다. 그래도 불현듯 미래에 대한 불안함이 생기면 '이 길이 최선이야!'라며 스스로 희망을 북돋우기도 했다.

넘어지면 다시 일어나면 되잖아, 목표를 향한 질주

매일 아침 7시부터 밤 11시까지 시립도서관에서 공부한 덕에 드디어 1차 시험에 합격했다. 1차 합격에 마음이 떨리고 다시 희망을 품으며 2차 시험은 동영상 강의 보다는 학원 출석을 선택했다. 일산 집에서 1시간 30분 걸리는 대방동 소재 학원으로 통학, 그래도 외롭게 혼자 공부하는 것보다는 학원생들과 친분을 쌓으며 정보도 교류하고 연대의식을 나눌 수 있으니 공부하기에 훨씬 마음이 안정되었다.

하지만, 2차 시험에서 답안지를 밀려 쓰는 어이없는 실수로 불합격. 나를 제외하고 같이 공부했던 학원친구 전원이 합격이라는 소식을 접했을 땐 나의 무능함과 창피함으로 실의에 빠져 잠시 방황하기도 했다. 그러나 이대로 포기할 수는 없었다. 다시 시험에 응시하기까지는 1년이란 시간이 남았다. 어쩔 수 없으니 지금 할 수 있는 것부터 준비하자며 마음을 다잡고 소방

안전관리자 1급 자격증을 취득했다. 이제는 아파트에 들어가 기사로 일하면서 아파트 관리 실무를 먼저 익히자는 생각으로 취업 문을 두드렸다. 아니나 다를까 아파트 경험이 없으니 시작부터 난관에 봉착했다. 그래도 끊임없이 30여 통의 이력서를 낸 결과 우리관리 사업장 중 한 곳에서 시설주임으로 근무할 수 있었다. 2교대 기전 기사였다. 지하 2층 낯선 기전실이 근무지였지만, 아파트의 아주 작은 부분부터 다양하게 배울 수 있었던 1년이었던 것 같다. 겉으로 보기와는 달리 아파트에서는 크고 작은 여러 유형의 어려움과 다양한 종류의 민원이 있음을 알게 되었다.

아파트 관리소장이란 꿈을 키우며, 아침저녁으로 시간만 되면 도서관으로 가서 간절하고 절박한 심정으로 23시까지 공부하길 반복했다. 그리고 드디어 주택관리사 2차 시험 합격이라는 기쁨을 누릴 수 있었다.

뭐 이런 회사가 다 있어?

하지만, 그 기쁨도 잠시. 이제는 관리소장으로 취업하기 위해 주택관리회사를 찾아야 했다. 그렇게 발품을 팔아 소문을 통해 알게 된 우리관리. 우리관리는 우리나라 주택관리분야 1위 기업으로 회사의 규모나 조직체계가 잘 짜여진 회사였고 제2의 인생이자 관리소장이라는 직업인으로 성장시켜 줄 수 있는 회사라는 생각이 들었다.

학원 교수님과 친구들을 통해 이미 우리관리는 공정하고 투명한 공개채용으로 인사를 단행하는 대신 합격하기가 주택관리사 시험보다 어렵다고 들었던 기억이 있었기에 나는 긴장을 늦추지 않고 더 철저히 우리관리 공개채용을 준비하기 시작했다.

먼저 서류전형을 위해 서울 코엑스 2017 관리소장 공개채용 상담부스를 찾아 채용과정 및 준비사항에 대해 상담을 받았다. 과제수행을 위해서 다시 우리관리 사업장 소장님들을 찾아다니며 조언을 구하기도 했고 수시로 회사 홈페이지를 방문해 많은 정보를 수집하려 노력했다.

 1분 자기소개를 위해 시계를 보고 끊임없이 반복 연습했던 것은 합격을 위한 절박함과 간절함 때문이었다. 관리규약은 무엇인가? 2010년 7월 6일 국토부장관 고시 주택관리업자 및 사업자선정지침에 대한 의견은? 위탁관리수수료만 받는 위탁관리의 현황에 대한 의견은? 과제를 정확하게 알고 있는지, 얼마만큼 알고 있는지를 파악하기 위해 심층질문을 쏟아내기에 한 순간도 긴장을 풀 수 없었다.

 면접에 합격한 뒤 또다시 사흘간 아침부터 저녁까지 온종일 진행된 오리엔테이션도 혀를 내두를 만큼 지식습득에 대한 압박을 받았다. 하지만, 관리소장으로서 갖춰야 할 기본자세와 현장 견학, 회계, 인사/노무, 법무, 우수사업장사례소개, 산업재해예방, 기술분야, 경영진특강 등 업무 분야별 이론과 실무에 대한 교육이었기에 최대한 많은 지식을 습득하기 위해 최대한 집중하고 메모하며 중얼거렸다.

우리관리 관리소장 공개채용에 최종 합격한 이후, 마음의 여유를 안고 지난 한 달간의 공개채용과정을 돌아보니 노병용 대표이사 회장님, 김한준 회장님, 우리관리 임직원 모두가 예비 관리소장에게 쏟는 열정이 정말 대단했고 그 중심에 내가 있었음에 진심으로 감사가 흘러나왔다.

최종합격통지를 받고 아내로부터 "당신 훌륭해요", 아이들로부터 "아빠 대단해요"라는 얘기를 들었을 땐 정말 너무 기뻤다. 그때 생각만 하면 여전히 가슴이 뭉클해지고 눈물이 나올 것만 같다. 다시금 공동주택관리 종사자로서의 사명감을 가지고 고객과 나를 관리소장으로 세워준 우리관리. 간절한 마음으로 관리소장의 꿈을 위해 준비해왔던 나 자신을 위해 선진주거문화 창달을 이루는데 보탬이 되고자 최선의 노력을 다해 나가겠다는 다짐을 해본다.

끝날 때까지 끝난 게 아니야

주택관리사 시험, 우리관리 공채 시험 합격으로 이제 다 끝났다고 생각했는데, 본사 직원으로부터 관리소장으로 배치 전 다시 필기시험과 대표이사님까지 면접을 통과해야 소장으로 발

령받는 다고 들었다. 정말 해도 해도 너무 한다는 생각이 들었다. 한숨이 절로 나온다.

한편으로는 엄격하게 실시하는 우리관리만의 투명한 인사관리시스템. 이래서 항간에 떠도는 발전기금(취업청탁)이 우리관리와는 무관하다는 말이 이해가 되었고 지금은 참 감사한 일이라고 생각한다.

우리관리 관리소장 공채14기 발족식 - 김병운 관리소장(오른쪽에서 두 번째)

초임소장이었기에 단지 배치 후에도 여러 가지 어려움이 있었지만, 우리관리의 통합관리솔루션 와인(WINE)과 주기적으로 실시되는 직무교육 덕분에 슬기롭게 해결할 수 있었다. 개인적으로 가장 매력적인 것은 본사의 여러 지원부서와 1,000명이 넘는 우리관리 소장협의회를 통해 언제나 수시로 도움을 받을 수 있다는 점이었던 것 같다.

업그레이드된 나의 꿈과 도전을 기대하셔도 좋습니다

 예비관리소장 오리엔테이션이 끝난 지 1년이 넘었지만, 여전히 지금도 그때의 생생함이 눈에 아른거리고 선하다. 1년... 이제 겨우 시작이다. 토끼와 거북이의 우화에 나오는 거북이처럼 최종 목적지에 도착하기까지 흔들리지 않았던 방향성과 굳건한 목표 의식으로 우리관리의 관리소장으로서 입주민에게 행복, 희망, 기쁨을 드리며 살아가고 싶다. 한 가정의 가장이자 우리관리 관리소장으로서 당당하게 살아가고 싶다.

관리소장 공개채용 시스템

관리소장 공개채용은 관리소장으로서 필요한 기본적인 자질, 인성, 역량을 평가하는 단계다.

우리관리는 해당연도 주택관리사 시험 합격자를 대상으로 관리소장 공개채용을 시행하고 있다.

오리엔테이션

주식회사

우리관리 제16기 예비 관리소장 공개채용 합격자

| 관리소장 공개채용 과정

1. 모집공고 - 당해년도 주택관리사보 합격자를 대상으로 공개채용을 시작한다.

2. 서류전형 - 인사 담당자와 다수의 임원진이 공동 심사하여 면접 대상자를 선정하며, 지원자는 매년 꾸준히 증가해 5대 1의 경쟁률을 넘어서는 것으로 나타났다.

3. 임원면접 - 공정하고 투명한 인사를 위해 사흘간 대표이사를 비롯한 다수의 임원진이 면접관으로 참석하여 다수의 면접자와 대면 면접을 실시한다.

4. 오리엔테이션

1) 직무교육·CS교육·현장탐방 실시(본사의 전문가들이 법무, 회계, 기술, 소방, 인사, 노무, 조경, 설비 등 직무 교육과 현장 답사를 통한 실무교육을 병행하고 있다.)

2) 과제수행 및 발표(직무수행을 위해 필요한 소양 및 능력을 검증하기 위해 과제수행평가를 한다.)

5. **합격자 발표** - 최종합격자는 70명 내외로 선정되며, 지역과 경력에 따라 사업장을 배치받아 관리소장으로서의 역량을 키워나가게 된다.

| 관 | 리 | 소 | 장 | | 5 | 년 |

내가 꿈꾸는 관리소장

관리소장 장수권

2015년 봄. 나이 오십 대 중반에야 주택관리사라는 직업을 알고 나서 주택관리사 18회 시험과 우리관리 관리소장 공개채용 시험에 합격하고 현재는 우리관리 공채 12기 관리소장으로 아파트에서 근무하고 있다.

관리의 기술

공동주택 관리소장으로 2016년 3월. 군포 동아아파트에 처음 배치를 받고 근무를 시작했을 때는 두려움과 설렘으로 만감이 교차했다. 관리소장의 업무를 잘 해낼 수 있을지 걱정이 앞선 시기다. 이 때문에 초기에 의욕이 넘쳐 내 나름대로 업무계획을 세우며 주민들께 잘 보이려고 나만의 생각을 대표회장님께 보고했다. 그러나 이것은 나의 욕심이었고 시행착오라는 것을 깨달았다. 관리는 나 혼자서 하는 것이 아님을 단지부임 후 한 달 만에 알게 된 것이다.

이후 먼저 직원들의 생각과 장단점을 파악하고 대표들과 주민들을 먼저 마주하며 아파트에서 필요한 서비스를 제공하는 것이 중요하다는 생각을 하게 되었다. 그리고 회장님을 설득해 관리직원들의 업무와 경비원, 미화원의 근무 환경을 개선하는 데 힘썼다. 직원들과 하나 되기 위해 최선을 다하고 입주자 대표회의에 수시로 업무를 보고하며 서로 공감하고 신임을 얻기 위해 최선을 다했다. 그러자 자연스럽게 아파트의 많은 주민들께서 나를 응원해 주셨고 내 편이 되어 주셨다. 덕분에 5년이란 세월 동안 큰 어려움이 없이 관리소장의 소명을 잘 감당할 수 있었다.

정직, 겸손, 인내의 가치

 아파트 관리소장이라면 누구나 다양한 입주민들의 니즈를 해결하고 대표회장의 파트너이자 관리직원들의 리더로서 맡은 역할을 잘 감당하기 위해 최선을 다하며 근무하리라 생각한다. 부푼 꿈을 안고 시작하는 관리소장의 첫 걸음. 하지만 다양한 사람들을 만나며 맞닥뜨리는 곤란한 상황에서 어느 정도 관련 지식과 상식만으로 다양한 욕구를 채울 수 없음을 금세 깨닫게 된다.

이때 중요한 것은 초심을 잃지 않고 내가 다짐했던 선한 마음가짐을 실천으로 옮기는 것이 아닐까 생각해본다.

 관리소장을 하기 전 호텔에서 총지배인으로 수많은 고객을 대하며 관리업무를 할 때 온몸으로 느꼈던 나만의 3대원칙이 있다. 바로 정직(正直), 겸손(謙遜), 인내(忍耐)다.

정직한 행동과 정직한 마음이 있다면 어떤 사람에게서도 신뢰를 얻을 수 있고 어떤 어려운 업무도 해결할 수 있을 것이란 믿음이 있다. 관리에 있어서도 정직한 행동과 정직한 업무처리가 주민들께 진정성 있게 전달되리라 생각하는 이유다.

겸손도 마찬가지라고 생각한다. 누구에게나 감사와 존경하는 마음으로 다가설 때 관리소장으로서의 가치가 상승한다는 사실을 경험했다. 입주민, 미화직원, 관리직원 등 어느 한 분 소홀하지 않고 겸손한 마음으로 응대할 때 문제해결 능력이 배가되었음을 실감했다. 관리소장이라 하여 이기려고만 하지 않고 양보하며 배려하는 마음, 항상 웃는 얼굴과 밝은 모습의 가지런한 몸가짐이야말로 신뢰할 수 있는 관리소장의 모습일 것이다.

마지막으로 인내. 관리소장은 직원들과의 관계, 대표회장님과의 관계, 항상 불만 많은 주민들과의 관계에서 짜증도 나고 스트레스를 많이 받을 수 있다. 서비스업종일수록 특히 심하게 나타나는 문제라고 하니 그때마다 인내하는 마음이 필요할 것이다.

내가 처음 단지에 관리소장으로 배치될 시점이다. 원로 소장님이신 신동문 소장님께서 76세에 은퇴하신다고 하여 군포분회에서 같이 식사했다.

"신 소장님처럼 저도 20년 이상 관리소장을 하고 싶습니다. 그 비결이 무엇입니까, 저는 어떻게 해야 할까요?"라고 물으니, 대답은 간단했다.

"장 소장님. 제가 무슨 말씀을 드려야 할까요? 은퇴할 때까지 인내했다면 답이 될까요?"

군포동아 아파트에서 근무 중인 장수권 관리소장

내가 바라는 관리소장

시간이 지나다 보면 행정, 회계, 기술, 관리업무 등 어떤 분야든지 해당 법이나 규정, 규칙은 변하기 마련이고 실무조건도 달라지기 때문에 항상 관련 지식과 정보를 습득하여 지속적으로 관리업무 능력을 향상시켜 나갈 필요가 있다.

우리관리는 정보수집에 있어서 최고의 시스템 와인(WINE)을 운영하고 있다. 또한 각종 모임(협의회 활동, 분회모임, 동기모임, 주변단지 소모임, 산악회 등)이 활발하게 이뤄지고 있다. 그곳에서 정보를 얻고 그 정보를 자기 것으로 만들어 간다면 관리능력을 향상시키는데 많은 도움이 될 것이다.

"우생마사(牛生馬死)"라는 고사성어가 있다. 말은 소보다 헤엄을 훨씬 잘 치지만 물살이 센 물에서는 자신의 실력을 믿고 물살을 거슬러 가려다 결국 힘이 다해 익사하고 만다고 한다. 반면 소는 거센 물살에 몸을 맡기고 떠내려가다 조금씩 물가로 다가가 목숨을 건진다고 한다.

관리사무소에서 근무하다 보면 아무런 문제가 없고 무슨 일이든지 순조롭게 잘 진행될 때도 있지만, 어떤 때는 아무리 애를 써도 꼬이기만 한다. 따라서 아무리 어렵고 힘든 상황이 오더라도 흐름을 거스르지 않고 소와 같이 지혜롭게 살아가는 관리소장의 지혜가 필요해 보인다.

관리소장 현장배치 및 전환배치 시스템

1. 현장배치

우리관리는 관리소장 공개채용에 합격한 신임관리소장에 대해 현장에서 필요한 전문 교육을 집중적으로 실시하고 사업장에 적합한 인재를 적재적소에 배치하고 있다.

멘토링 제도	관리소장 공개채용에 합격한 예비관리소장은 본부별 협의회에 가입하여 업무 전반에 대해 선배 소장들에게 도움을 받도록 하고 있다.

▼

현장배치 면접	관리소장 공개채용에 합격한 예비관리소장이 향후 배치될 사업장에 대한 업무 적합성 여부를 평가한다.

▼

사 령 식	현장 관리책임자로서 갖춰야 할 인성과 직무 능력을 재점검하고 추가 교육을 통해 관리소장의 직위를 부여한다.

▼

현장배치	다양한 검증을 통과한 관리소장을 적재적소에 배치하고 있다.

2. 전환배치

우리관리는 관리 중인 1100여 사업장의 관리소장에 대해 지속적으로 업무평가를 시행한다. 우수한 관리소장에게는 포상과 더불어 더 좋은 환경에서 근무할 기회를 부여하고 있다. (ex. 주요사업장, 높은 급여, 근거리 등)

업무능력 평가	행정, 기술, 공동체활성화, 관리비 절감, 민원 대응 등 본사의 평가기준에 따라 업무능력평가를 실시하고 우수한 성적을 거둔 관리소장에게 포상과 더불어 해외연수 등 더 많은 교육의 기회를 제공한다.
전환배치 면접	업무능력평가를 통해 우수한 관리소장에게는 대규모 사업장을 비롯한 주요사업장을 관리할 수 있는지 자격에 대한 업무 적합성 여부를 평가한다.
사 령 식	현장 관리책임자로서 갖춰야 할 인성과 직무능력을 재점검하고 추가 교육을 통해 현장 관리소장의 직위를 부여한다.
현장배치	이전 근무환경 보다 더 나은 곳에서 근무할 수 있는 기회를 제공함으로써 직원들의 사기진작을 도모하고 있다.

공 부 하 는   관 리 소 장

관리소장의 성장기

관리소장 권은주

금융업에 종사하다 관리소장으로 새 삶을 시작한 지 18년. 임대아파트인 현 근무지에서 지낸 시간도 어느덧 12년이 되었다. 과거로 거슬러 올라가면 처음에는 금융업 이력과 더불어 내 성격상 시설물을 체계적으로 잘 관리할 수 있을 것이란 자신감이 있었고 직원들과 가족처럼 지낼 생각에 은근 기대를 하고 시작한 삶이었던 것으로 기억한다.

하지만, 막상 관리소장으로 입문하니 일부 입주민의 막무가내식 행동과 이기적인 행동이 적잖은 스트레스가 되었던 것 같다.

당시 나는 '내가 무엇을 잘못했지? 왜 내게만 이런 일들이 일어나는 거야?' 혼자서 되물었고 자존감은 끝없이 추락했다. 우울증으로 오랜 기간 참으로 괴롭기도 했다. 늘 고맙고 수고가 많다는 여러 주민의 감사인사와 격려도 위로가 되지 못했다. 하지만, 여러 주민과 동료 직원들의 끊임없는 위로와 격려로 다시 일어설 수 있었으니 정말 감사하고 참으로 다행한 일이다.

나는 아파트관리소장이다

지금이야 당시 힘들었던 상황들이 내게만 있는 것이 아닌 비일비재하게 일어날 수 있는 현실임을 잘 알고 있다. 늘 미소 짓는 사람, 보기만 해도 기분 좋아지는 사람, 이유 없이 트집 잡는 사람, 화를 잘 내는 사람, 무뚝뚝한 사람, 어른 아이 할 것 없이 다양한 사람들이 한데 모여 살고 있으니 당연한지도 모른다.

　　하루에도 몇 번씩 희로애락이 교차하는 관리사무소.
　　그렇게 관리소장의 삶에 녹아들면서 지금 나는 관리소장으로서 도입기를 지나 성장기를 달리고 있다.
　　18년이란 세월이 지나도 그만큼 관리소장으로서 여전히 배울 것이 많고 여전히 시도해 볼 것들이 많다는 의미가 될 것이다.

관리사무소가 건강해야 서비스가 좋아진다

 현 아파트에 근무하게 되면서 통상 임대 아파트가 그렇듯 분양 후 갈등 상황이 발생할지 모른다는 중압감에 회계업무의 정립과 투명한 관리를 위해 집중했다. 그리고 협력과 단결을 통해 하나되는 관리사무소를 기대하며 직원들의 마인드 셋업을 위해서도 노력했다

임대아파트에서 흔히 일어날 수 있는 임대인과 임차인 간의 불협화음으로 인해 관리사무소로 불똥 튀는 경우가 허다하고 그 과정에서 직원들의 스트레스가 엄청나기 때문이다.

여러 사건과 관련해 고민 끝에 민원 스트레스를 줄이기 위한 방안으로 세대별 성향을 파악하고 맞춤 대응 방안을 마련했다. 우리관리 통합관리솔루션 와인(WINE)에서 관리사무소 전 직원이 아이디를 발급받아 민원 내용을 자세하게 입력하고 엑셀로도 공유파일을 만들어 전입, 전출 내용이나 특이사항을 기록했다.

민원이 잦은 세대의 경우 민원일지를 바탕으로 몸과 마음의 준비를 철저히 하고 세대를 방문해 스트레스를 줄여 나갔다. 이어서 애니어그램을 공부해 직원들을 대상으로 성격 심리 테스트와 성향파악을 하고 그에 걸맞은 업무 지침과 지시를 하니 한결 소통이 원활해졌음을 확인 할 수 있었다.

안전하고 쾌적한 환경, 함께 실천하는 관리비 절감

무엇보다 관리비 절감을 위해 많은 고민을 했고 왜 우리가 이렇게 해야 하는지 직원들과 공감대를 형성하기 위해 노력했다. 그리고 인건비를 제외한 다른 관리비들이 최소로 부과될 수 있도록 대부분의 외주 작업은 자체적으로 해결했다. 물론 직원들 안전과 결부되어 무리한 작업은 외주로 진행하고 있다. 세대 내 서비스는 위탁관리 서비스 범위가 아님을 주민들께 사전에 홍보하고 있지만, 공용부 관리업무를 먼저 시행하고 여유가 된다면 최대한 세대 내 서비스를 제공하려 노력하고 있다. 관리 중인 아파트가 초등학교 옆에 있다 보니, 놀이터나 벤치

목재 부분의 훼손이 많아 수시로 교체해야 한다. 그래서 직접 목재를 재단하고 방부 페인트를 발라 예비로 비치해 뒀다가 수시로 교체하고 있다. CCTV 모니터 또한 빈번하게 고장이 나기 때문에 관리비를 줄이겠다는 목표로 인터넷을 통해 공부하며 습득한 지식으로 자체 수리해 왔다. 신축 배관이나 보도블록, CCTV 케이블, 방화문 스트라이커도 관리사무소 내에서 자체적으로 수리하고 있다. 쉽지 않은 일들이지만, 이는 어디까지나 직원들 모두가 한마음으로 관리비를 줄이겠다는 목표에 대한 공감대 형성이 확고했기에 가능했다고 본다.

2017년 관리비 절감 및 서비스 개선 사례 경진대회에서
대상을 수상한 권은주 관리소장(가운데)

아무리 관리비를 줄인다 한들 아파트 내 안전사고가 발생하면 관리사무소는 관리의 본질을 간과하고 그 책임을 다하지 못했다는 점에서 변명의 여지가 없다. 이 때문에 단지 곳곳을 반복해서 점검하며, 위험요인이 있는 곳마다 안전표지판을 부착해 입주민들의 안전을 지키기 위해 노력 중이다.

한번은 관리 중인 아파트에서 입주민이 계단에서 미끄러져 다치고 보험회사에서 보상금 5천만 원이 책정되었던 사례가 있었다. 이 경우 보통 보험회사는 관리사무소로 관리부실로 인한 사고임을 적시하고 구상권을 청구하지만, 사고 당시에 보험회사는 우리에게 어떤 구상권도 청구하지 않았다. 이유는 간단하다. 보험회사도 관리적인 측면에서 관리사무소가 해야 할 모든 것을 실행했다고 판단했기 때문이다. 그만큼 사고 예방은 아무리 강조해도 지나침이 없다.

관리사무소 직원들도 매한가지다. 우리단지는 미화원이 덜어 쓰는 청소 용품 용기에 MSDS와 품명 라벨을 미화 반장이 코팅해 보관하고 있다가 용기를 바꿀 때마다 부착하도록 하고 있다.

업무의 효율화 그리고 매뉴얼화

앞서 언급한 것처럼 내부 작업이 많아 평일이 매우 바쁜 편이다. 때문에 주말 근무자는 비상 대기하면서 단순업무를 수행토록 해 평일 근무자의 업무시간을 확보해 나가고 있다.

같은 일을 하더라도 마음가짐에 따라 업무의 완성도가 달라지기 때문에 먼저 24시간 근로자에게 최저임금 인상에 따른 입주민 환원 서비스를 코칭하고 주말 근무가 단순 대기나 휴식시간이 아님을 인지시키는 것이 중요했다. 그리고 스트라이커 조립이나 인터폰 분해 청소, 일지 편철, 현관 전등 글러브 청소, 서류 편철, 모니터 수리 등 단순하지만 꼭 필요한 작업을 실행토록 했다. 또한, 전체 세대 난방 계량기 봉인 작업과 건전지 교체 작업을 직원들이 정기적으로 실시하고 있다. 물론 동절기 난방비 "0"세대는 수시로 방문해 실제 사용하지 않고 있는지 실태 조사하고 있다.

이외에도 차량 CCTV와 관련해서는 입주자인데도 불구하고 관리사무소에 차량 등록을 하지 않은 경우 차량등록 후 검색하도록 지침을 주고 세대 인테리어 공사는 신청서와 각서만 받지 않고 행위허가 신고 사항인 내력벽 철거 공사를 하지 않는지, 지역난방 배관을 연결하지 않는지 직접 확인하며 관리한다. 규범을 기준으로 입주민 의무 사항을 알리고 홍보하여 입주자가 지켜야 할 것들을 간단명료하게 코칭하고 있다.

주변에서 가끔 질문하는 이들이 있다.

"소장님 어떻게 이걸 다 아시고 하시는 거예요? 언제 해보셨어요?" 하고 말이다.

그도 그렇듯 여러 법 규정부터 기술적인 면까지 그리

고 업무의 매뉴얼화, 효율화를 노력하는 내 모습에 나
도 가끔? 놀라고 있다.(그냥 한번 웃어 보자고요 ^^;)

공부하는 관리소장의 배움터

 지난 시간을 돌아보면, 나는 관리사무소 관리직, 경리직, 기술
직, 경비, 미화에 이르기까지 각 직무 담당자들에게 잘 여문 노
하우를 얻었고 우리관리 와인(WINE)을 통해 관리에 필요한
지식이나 정보를 습득해 왔다. 그래도 모를 때는 본사 직원들
과 동료 또는 선후배 소장님들께 조언을 구하기도 한다. 그리
고 무슨 뜻인지도 모를 책을 사서 밑줄 그어가며 공부하고 인
터넷 사이버강좌를 통해 하나씩 배움을 실천하기도 한다.
 그렇게 평소 조금씩, 조금 더 나은 관리를 위해 노력하며 땀
흘려온 시간...
 2017년, 우리관리 관리비절감 및 서비스경진대회에서 생각지
도 못했던 대상의 기쁨을 얻었다. 이후 일본연수를 통해 일본
의 건물 관리업을 이해하고 그들의 교육시스템을 배우게 되는
소중한 기회를 얻기도 했다. 내가 주목 받은 데 대해 아직도 기
쁨과 더불어 부끄러움이 앞선다. 정말 관리를 잘하시는 소장님
들이 여전히 많고 혼자서 한 것이 아닌데, 지금도 부족한 것이
너무 많다는 것을 잘 아는데... 이 기회를 빌려 여러모로 도와
주신 본사와 선·후배 소장님. 우리 관리사무소 직원들께 다시
한번 감사의 마음을 전하고 싶다.

지금 나의 가장 큰 배움터는 입주민들과 만나는 시간이다. 관리소장을 하면서 자존감이 바닥을 치기도 했지만, 관리소장이기에 자존감을 회복하기도 했다. 입주민으로 인해 마음을 다치기도 했지만, 입주민으로 인해 삶의 기쁨과 보람을 얻기도 했다.

 지쳐 무너졌던 나를 세워주신 분들. 그분들을 위해 나는 '주어진 자리에서 나부터'라는 생각으로 더 많은 배움과 실천을 이어갈 것이다.

관리소장의 꿈

관리소장 김종경

가족의 힘으로 거듭나다

주택관리사 시험을 3개월여 남겨두고 뒤늦게 시작한 나의 무모한 도전. 아내는 둘째를 임신한 만삭의 몸으로 갓 돌 지난 큰아이를 돌보며 매일 도시락을 싸서 나를 뒷바라지 했다. 처음 접하는 내용이었기에 그나마 남아있던 자신감마저 점점 상실해 갔지만, 아내의 고생스러움을 외면할 수 없어 정말 지독하게 공부했던 기억이 있다.

한편으론 아내의 헌신에 힘입어 마침내 합격의 기쁨을 누린 때가 엊그제 같은데, 벌써 관리소장 12년이란 베테랑의 길로 접어들고 있으니 이제야 내 몸에 맞는 옷을 걸친 듯 겨우 심신의 여유를 찾아가는 모양새다.

날갯짓의 시작

우리관리 We BLUE 본부 사업장의 지원팀장으로 첫발을 내디디며 시작한 주택관리사(보)의 업무는 생소함 그 자체였다.

만나는 입주민들은 또 얼마나 각양각색이었는지 좀처럼 익숙해지기가 쉽지 않았다. 때로는 사람을 상대하는 이 직업이 상처로 남기도 했다. 하지만, 그러한 과정과 경험들이 나를 더욱 단련시켰고 지금은 주택관리사로서 능력을 발휘하는데 소중한 자산이 되었다고 여겨진다.

지원팀장을 하며 익힌 행정과 실무 경험을 바탕으로 관리소장이 되던 날. 그날의 설렘과 두려움은 지금도 잊을 수 없다. 입주 아파트 관리 경험이 없는 내가 맡은 단지가 하필이면 말 많고 탈 많은 재개발 조합 아파트였으니 그 부담감은 정말 감당하기 힘들었다. 처음 학교에 입학하는 아이의 마음이 이런 것이 아닐까 싶다.

다행히 좋은 분들과 인연이 되어 첫 입주를 성공적으로 마치고 3년 재계약까지 이끌어 냈으니 그때의 자신감은 정말 하늘을 찌를 듯했다. 자신감과 경험 덕분이었을까? 나는 이후에도 입주 사업장만 배치되어 이제는 동료 소장들로부터 입주 전문가라는 수식어까지 듣는다. 마치 무(無)에서 유(有)를 창조하듯 기분 좋은 느낌이다.

혼자가 아닌 함께하는 비행

지금 근무하고 있는 사업장도 입주를 받아 4년째 근무하고 있지만, 매일 새로운 느낌으로 더 나은 모습을 보여주려 노력하고 있다. 하지만, 이 모든 결과물은 우리관리라는 커다란 인프라가 아니었다면 절대 불가능했을 지도 모른다.

우리관리는 매년 5월마다 관리비 절감 및 서비스 개선사례 경진대회가 열린다. 내 능력의 척도를 가늠해 볼 수 있는 시간이며, 더 나아가 나에게 새로운 도전이라는 과제를 주기도 한다. 발표에 참여하는 소장님들의 열정과 아이디어, 끊임없이 노력하는 모습은 매년 깜짝 놀랄 정도로 내 자신이 우물 안 개구리였다는 사실을 깨우쳐주는 자리이기도 하다.

수많은 소장님의 우수한 관리사례를 접하면서 그 사례들을 우리 사업장에 접목해 보는 새로운 변화의 시도는 나를 자극할 뿐만 아니라 고객에게 신선한 충격으로 전달되는 등 그 보람은 이루 말할 수 없다. 사실은 경진대회에 3번 참석하여 대상, 최우수상, 장려상을 받은 경험이 있기에 이제야 털어놓지만, 선배 소장님들의 뜨거운 열정과 땀방울로 일궈낸 귀한 열매를 아무런 대가 없이 수확하여 우리 사업장에 고스란히 씨를 뿌리고 열매를 맺게 하는 것이 그저 감사할 따름이다. 아마도 우리관리의 힘이 경진대회를 통하여 발휘되는 것은 아닐까라는 생각이 든다. 소장님들의 업무 능력 향상 또한 이러한 경진대회가 있었기에 가능하리라는 생각과 함께...

더 넓은 세상을 향해

경진대회에서 대상을 받아 특전으로 일본 연수를 다녀온 경험은 나를 다시 한 단계 더 도약시키는 계기가 되었다. 일본 연수

기간 임대관리업의 선두주자인 레오팔레스21과 미쓰이 부동
산에서 관리하는 리버시티21 초고층 맨션을 탐방 할 수 있었던
것은 내게 정말 큰 행운이었다.

김종경 관리소장(아랫줄 왼쪽 첫번째)

 레오팔레스21의 경우 홈페이지를 개설하여 입주자 문의 내용
에 직접 답변을 달고 입주자 스스로 문제를 해결할 수 있도록
유도하는 자기 해결형 프로그램인 FAQ 시스템을 도입해 활용
하고 있었다. 그리고 임대관리와 시설관리를 구분 관리하는 시
스템으로 건물관리와 임대관리의 개념을 넘어서서 입주자에

대한 맞춤형 서비스 및 영업도 가능하게 한 점이 인상 깊었다. 미쓰이 부동산에서 관리하는 리버시티21 초고층 등 일본의 맨션 관리는 우리나라와 상당한 차이가 있음을 알 수 있다. 일본의 경우 통합관리 고객센터를 중심으로 지점 형태로 운영되고 있으며, 지점에 인원을 집중적으로 투입해 관리하는 시스템이다. 특이한 점은 일본의 경우 장기수선계획이 법제화되어 있는 우리나라와 달리 반드시 의무사항이 아니라는 것이다. 협회나 학회에서 표준모델을 제시하면 이것을 참고할 뿐, 정부가 적극 법제화하고 강제하지 않는다. 소유주의 의견에 맡기는 것이 일반화되어 있는 것이다. 장기수선공사를 할 때도 관리주체가 제안하여 소유주와 협의를 거쳐 직접 수선공사를 진행한다. 당연히 수선공사의 중요성과 비중이 상당히 높다고 할 수 있다. 이렇듯 일본 연수를 통해 여전히 내가 가야 할 길이 한참 멀었음을 다시 한번 깨닫는 의미 있는 시간이었던 것 같다.

새로운 길잡이를 꿈꾸며

나는 요즘 공동체활성화 행사를 기획하고 진행하는 것에 집중하고 있다. 공동체활성화 행사를 통해 고객과 소통하고 함께 고민하는 시간을 만들어 가고 있다. 서로를 이해하고 배려할 뿐만 아니라 이러한 시간이 많을수록 마치 오랫동안 알고 지낸 가족과도 같은 보이지 않는 정이 새록새록 돋아나는 것을 느낄 수 있다. 이 때문에 앞으로도 나는 현실에 만족하지 않고 더욱 더 끊임없이 새로운 도전을 시도하고 싶다.

 누구의 길이 아닌 나만의 길을, 누군가 걷고 있는 길 보다는 아무도 걷지 않은 새로운 길을 걸어가고 싶다. 끝으로 그동안 내가 선배 소장님들이 쌓아 올린 길을 디딤돌 삼아 여기까지 달려왔기에 이제는 후배 소장님들에게 선배 관리소장으로서 당당한 삶의 길잡이가 되고 싶다는 바람을 가져본다.

No.1 WOORI

역량강화 시스템 - 인재육성

우리관리는 역량강화 시스템을 구축해 관리소장을 비롯한 전 관리직원들을 대상으로 다양한 교육프로그램을 운영하고 있다.

**1.
통합관리
솔루션**

통합관리솔루션 WINE(woori information network explorer)은 건물관리에 꼭 필요한 초대형 온라인 도서관이자 전문가들과 상담할 수 있는 소통공간이다.
단지별 민원처리내역, 인력·장비 현황, 건물관리 이력 등을 한 번에 살펴볼 수 있다.

**2.
집체교육**

매년 60회 이상 실시하는 본사 집체교육 및 현장 실무교육은 직원들이 담당직무에 대한 이해를 넓히고 서비스 품질을 향상시키는 데 크게 기여하고 있다.

역량강화 시스템
인재육성

3.
사업장점검
및 세미나

회계, 노무, 법무, 기술, 조경 등 각 분야별 전문
가들의 현장점검 및 세미나는 관리품질향상과
투명한 관리에 중요한 요소가 되고 있다.

4.
협의회 및
분회

지역별, 직무별, 건물의 특성별 세분화된 협의
회와 분회를 통해 멘토링제도를 운영한다.
24시간 1,100여 단지가 상호 협력과 지원이
가능케 했다.

역량강화 시스템
인재육성

우리관리 본사의 다양한 교육 프로그램을 통해 역량을 강화 하고 관리비절감 및 서비스개선사례 경진대회, 고객감동실천 경진대회 등을 통해 선의의 경쟁을 펼치고 있다. 우수관리소장에게는 해외 연수와 더불어 다양한 포상을 통해 직원들의 사기진작을 도모하고 있다.

제10회 우리관리 관리비 절감 및
서비스 개선사례 경진대회 수상자

관리비 절감 및
서비스 개선사례
경진대회

고객감동실천대회

우수관리소장
해외연수

인생은 아름다워

제2의 인생으로 찾은 워라밸(work & life balance)

관리소장 이창용(해피우리봉사단)

세월만 변하는 것은 아니다

20년간의 직장생활을 마치고 시작한 관리소장. 처음 관리소장으로 일을 시작할 때는 1년이란 시간이 10년처럼 느껴졌는데, 어느덧 시간은 흘러 만 6년이 되었다.

"숫기 하나 없는 너 같은 성격에 어떻게 아파트 소장을 할지 좀 걱정이 된다."

관리소장이란 직업을 선택한다고 할 때 가까운 친구가 한 말이다. 그 말에 동의하면서도 한편으로는 그래도 관리소장을 잘 해낼 수 있을 거란 희망이 가슴 한 켠에 머물렀다. '그래, 나도 걱정이 돼. 그런데 잘할 수 있을 거 같기도 하고 우선 해보고 싶어.'

아니나 다를까 관리소장으로 입문하자마자 사무실 직원과 주민들로부터 받은 마음의 상처는 적지 않았다. 그로 인해 퇴근 후에도 심적으로 여간 힘든 것이 아니었다. 나 자신도 답답한 것은 내가 모진 말을 잘 못하지만, 한편으론 모진 말에 상처를 받고 혼자서 끙끙대는 성격이란 것이다. 그러다 보니 과연 관리소장이란 직업이 내게 맞는 옷인지, 아니면 지금에 와서 어떻게 뭘 해야 할지 고민도 많았던 것 같다. 그럼에도 불구하고 좀 더 노력해보지 않고 포기하고 싶지는 않았다.

 그렇게 시간은 흘러갔다. 인간은 적응하는 동물이라고 누가 말했나? 친구의 우려를 말끔히 씻어낸 듯, 지금 나는 당당하게 아파트 관리소장을 하며, 나름대로는 최선을 다해 살아가고 있다. 지난 작은 상처들이 지금의 나를 존재하게 한 좋은 밑거름이라 여기면서 말이다.

나보다 봉사활동 중요해?

 내가 관리소장으로서 적응해 나갈 즈음의 일이다. 나는 맞벌이 부부로 살고 있다. 비교적 자유롭게 근무하는 나와 달리 아내는 방문객들에게 세세하게 설명을 해주며, 근무시간 내내 서서 일해야 한다.

 아내는 내가 생각하는 것 이상으로 몸과 마음이 매우 힘든 상황에서도 평소 봉사활동을 갈구하고 있었다.

 그리고 5년 전 어느 날 내게 다가와 앞으로 주 1회는 저녁을 나 혼자 해결하라고 말했다.

　　"아니, 왜? 나는 당신하고 같이 식사하고 싶은데?"

"저는 이제부터 주1회 영등포에서 봉사활동을 할거
에요. 그러니까 내가 봉사활동 하는 날은 당신 혼자
서 저녁을 해결해야 할 것 같아요."
'나는 어떡하라고...'

 순간 당황스러웠다. 뭐라 말해야 할지도 몰랐고...

 하지만, 아내가 스스로 봉사활동을 하겠다고 마음을 먹은데
다 그 의지가 너무 확고해 나는 있는 그대로 받아들이기로 했
다. 아내가 봉사하고 온 날 저녁, 아내에게 봉사활동이 힘들지
않냐고 묻자
"힘이 들지만 내가 남에게 무엇인가를 줄 수 있다는 사실에 가
슴 깊이 위로가 되고 뿌듯한 감정을 느끼게 되는 것 같아. 당
신도 시간을 내서 주말에 봉사활동을 하면 좋겠다."라고 되려
내게 봉사활동을 권유했다. 여기서 나의 마음이 좀 짠했던 것
같다.

삶의 모든 것이 감사
 그럼 나는 어디서, 뭘, 어떻게 해야 하지? 고민이 시작되었다.
그러던 중 우리관리에 해피우리봉사단이라는 봉사단체가 활동
하고 있음을 알게 되었다. 이미 마음이 정해져 있었기에 망설
임 없이 용기 내어 덜컥 회원으로 가입했다.

봉사활동 날짜와 장소가 정해지고 처음으로 해피우리봉사단 회원들과 얼굴을 마주한 날이었다. 조금 낯선 봉사라기보다는 동료 남자 소장이 별로 없어서 그런지 좀 서먹서먹했다. 처음 시작한 봉사활동은 안양시수리장애인복지관 목욕탕 청소다. 이미 봉사단 임원진의 공지에 목욕탕 청소라는 내용이 있어 반바지에 슬리퍼, 마음의 준비까지 단단히 해서 참여했다. 한쪽에서는 목욕탕 안의 물때를 벗겨내고 다른 한쪽에서는 바닥에 왁스를 뿌리며 묵은 때를 벗겨냈다. 눈은 아파오고 온몸은 땀으로 흥건해졌다. 정말 집에서 청소하는 것 그 이상으로 열심히 했다. 청소를 마치며 땀을 씻어낸 뒤 목욕탕을 돌아봤다. 정말 깨끗해졌다.

'이제 장애인들이 이곳을 더 많이 이용했으면 좋겠다.'

두 번째 봉사활동은 '함밥' 봉사였다. 혼자 거주하는 분들과 함께 반찬을 만들고 함께 점심을 먹는 프로그램이다. 반찬 만드는 것에 자신이 없는 터라 나는 각종 식자재를 나르고 장애인들과 이야기를 나누는 것으로 만족했다. 하지만, 점심 후 조리한 반찬을 담아 드리는 순간 마음이 좀 울컥했다.

'매번 끼니를 혼자서 때워야 한다면 얼마나 힘들까,
나는 어쩌다 혼자서 밥을 먹는 순간에도 쓸쓸함을 느끼는데... 이분들은 어떻게 극복하고 있을까?'
끝없는 질문이 머릿속을 맴돈다.

인생은 아름다워

그리고 함께 식사할 가족이 있다는 것에 감사하고 장애인들과 잠시나마 함께 식사하며 그들을 마음으로나마 위로할 수 있는 지금의 상황에 감사가 나왔다.

세 번째 봉사활동부터는 목욕 봉사에 참여했다. 간간이 방문 목욕도 하지만, 주로 시설 내 목욕탕에서 목욕을 시켜 드리는 봉사활동이다. 때로는 집으로 직접 찾아가 모시고 오는 경우도 있었다. 2인 1조로 팀을 이루어 정해진 시간 안에 목욕을 시켜 드려야 한다. 내 몸을 씻는 것도 힘든데, 남의 몸을 씻겨드려야 하는 것이 육체적인 피로보다 심적인 부담이 더 컸다. 하지만, 그들을 대하면서 또 하나의 깨달음을 얻게 된 것 같아 감사가 나왔다.

장애인들보다 내가 자유롭게 활동할 수 있다는 것에 감사하지 못했던 나 자신이 부끄러웠고 장애인들도 늘 감사로 살고 계시는데, 현실에 대한 불만과 직장에서의 불만을 털어내지 못한 지난 삶이 부끄러웠다. 과거 어른들이 이야기한 '복에 겨워서 그렇지'라는 말이 떠오른다.

그렇게 나는 관리소장으로 일하면서 제2의 인생을 살고 있다. 그리고 해피우리봉사단을 통해 가슴 속 묵은 때를 같이 씻어내며 감사와 행복을 알아가고 있다.

알만한 사람은 다 알겠지만, 정말 관리소장은 제2의 인생을 시작하기에 적합한 직업인 것 같다. 많은 사람을 대하면서 여러 가지 어려움에 직면하지만, 그들을 통해 업무의 보람을 느끼는 자리라 할 수 있다. 그리고 취미생활이나 봉사활동 등을 통해 자신을 찾아가는 삶도 누릴 수 있기 때문이다.

이창용 관리소장(둘째줄 왼쪽 첫번째)

오늘도 나는 출근할 직장이 있음에 감사하며, 한 달에 한 번 참여하는 주말 봉사활동이지만 나 자신이 타인에게 무엇인가를 베풀 수 있다는 사실에 감사하며 하루를 시작한다. 때로는 나 자신을 위로하고 때로는 반성하면서 그렇게 즐거운 마음으로 현직을 수행하고 있고 앞으로도 그럴 것이다.

그늘진 곳으로 가라

관리소장 정윤복(소금나무회)

소금나무는 따뜻하고 순수한 나눔의 향기로, 만나는 이웃들의 가슴마다 삶의 희망을 전하는 천사들이다. 우리관리 소속 봉사단체는 아니지만, 때로 우리관리 해피우리봉사단과 함께 땀 흘리며 함박웃음 짓는 동반자가 되기도 한다. 우리관리 관리소장뿐만 아니라 타사 여러 관리소장이 함께 나눔을 실천하는 소금나무회의 이야기다.

사랑 가득한 숲을 꿈꾸는 소금나무의 시작

'그늘진 곳으로 가라.' 소금나무회의 모토다. 그래서 소금나무회는 우리사회의 그늘진 곳, 춥고 외롭고 배고픈 사람들이 있는 곳마다 찾아가고자 노력하고 있다. 현재 소금나무 회원은 33명으로 우리관리 전·현직 관리소장이 3분의 2, 타사 관리소장이 3분의 1 비율로 구성되어 있다. 이처럼 소금나무회는 여러 회사에 소속된 관리소장들이 모여 활동을 하고 있지만 한마음 한 뜻이기에 언제나 기쁨과 감사로 봉사하고 있다.

소금나무회는 소금장수들의 모임이 아니고 마음이 따뜻한 관리소장들이 모인 봉사 모임이다. 모임을 시작한 동기는 간단하다. "무언가 사회에 보탬이 되는 일을 하며 살아보자"는 것이었다. 2002년 서울 도봉구 창동 지역에 근무하는 아파트관리소장 4명이 어렵게 지내는 시설의 난방비 지원을 시작으로 16년이 지난 지금은 난방 취약계층 지원, 연탄배달, 독거노인 지원, 보육원 조경관리, 수해 피해 지역 복구 작업 등 사계절 내내 사랑 나눔을 실천하고 있다.

　어려운 이웃들을 위해 우리가 가진 작은 것이라도 같이 나눠야 한다는 의무감에서 시작한 봉사활동이었지만, 지금은 우리의 작은 나눔으로도 어려운 이웃들에게는 큰 힘이 된다는 사실에 오히려 기쁨과 보람을 얻고 있다.

천사들의 합창

봉사활동을 하다 보면 종종 봉사활동에 대한 갈망은 있으나 어디서 무엇을 어떻게 해야 할지 망설였다는 이야기를 듣게 된다. 물론 지금은 그들 모두가 소금나무회에 가입해 사랑 나눔을 실천하고 있다. 그리고 하나같이 이런 말을 한다.

　　"함께 봉사할 기회를 준 소금나무회에 대해 감사드립니다."

"내가 소금나무회에서 봉사 활동한 시간이 인생에 가
장 보람 있고 뜻깊은 시간이었던 것 같습니다."
"저도 더 많은 이웃에게 행복을 주는 소금나무가 되
기 위해 더 뜨겁게 성장하렵니다."

입에서 나오는 말 한마디로 감동과 평안을 주고 봉사 현장에
서 몸을 사리지 않는 회원들을 보면 영락없는 천사의 모습이
다. 분명 내 눈에는 연탄 가루가 묻은 시커먼 얼굴, 흙먼지 뒤
집어쓴 얼굴, 땀으로 얼룩진 얼굴들, 하나같이 바보처럼 웃고
있는 얼굴들이지만…
이내 다시 그들을 바라보면 천사의 모습이다. 바로 이들이 가
슴 따뜻한 이 땅 위의 천사들인 것이다.

행복의 숲을 꿈꾸며 관리소장으로,
소금나무로 살아가리라
한번은 봉사 현장을 떠나 각자의 일터에서 소금나무 회원들의
모습은 어떨까? 궁금했다.
참 바보 같은 생각이다. 입주민들을 내 가족같이 보살피는 책
임감 있고 사랑이 넘치는 소장님들인 것을 나는 주변의 평을
듣고 직접 눈으로 확인하고서야 믿었으니 말이다.
수 년이 지난 지금도 독거노인의 어려운 처지와 환경을 보고
뒤에서 몰래 눈물을 훔치던 어느 여 소장의 모습. 연탄배달 현

장과 수해복구 현장에서 구슬땀을 흘리면서도 해맑은 미소를 짓던 모습. 천사 같은 소금나무 회원들의 모습들이 지금 막 보았던 영화처럼 생생하다.

'봉사'는 인간이 가장 보람 있고 즐겁게 살 수 있는 방법이다. 남을 위한 것이 아니라 바로 나를 위한 가장 지혜로운 '일'이니까... 주민들을 위해 봉사하는 관리소장, 어려운 이웃을 찾아가는 소금나무들. 나는 이들과 함께 아름다운 제2의 인생을 살아가고 있어서 감사하다. 우리 소금나무의 뜨거운 나눔으로 이 세상이 조금은 더 따뜻해지고 조금은 더 아름다워질 수 있을 거라 믿는다.

열정과 패기 넘치는 우리관리 여소회

관리소장 하문숙(8본부 여소회)

천왕이펜하우스6단지 관리소장으로 부임해 맡은 소임을 다하
며 감사로 하루하루를 살고 있다. 지금이야 관리소장으로서의
만족도가 매우 높지만, 처음부터 그랬던 것은 아니다. 일을 통
해서 자부심과 만족을 얻었지만, 그래도 늘 왠지 모를 허전함
이 남아 있었다. 관리소장이란 직책에 대한 책임감과 그 무게
로 인해 나 스스로 외로움을 느끼고 있었는지도 모른다.

새로운 만남 속에 넘치는 감사

2017년 우리관리 오현석 본부장님의 권유로 여소회에 가입하
게 되었다. 그리고 여소회에서 주관하는 워크숍에 처음으로 참
석했다. 당연히 쑥스럽고 어색할 것이란 걱정과 달리 여소회
회장님이신 최은숙 소장님을 비롯해 김정숙, 김시연 총무님.
선임 소장님이신 박경자 소장님 등 회원들의 배려가 내게 평안
을 주었고 금세 친근하게 다가설 수 있었다.

마치 오래전부터 함께 지내왔던 정든 친구와 같은 느낌이랄까? 허전했던 내 마음은 감사로 차고 넘쳤으며, 이제 나는 혼자가 아니란 확신을 얻게 되었다. 그렇게 여소회라는 이름으로 타 현장의 소장님들과 새로운 인연을 맺게 해준 1박2일의 여소회 워크숍은 우리관리에 대한 남다른 자부심을 느끼게 되는 계기였던 것 같다.

즐거운 마음으로 맛있는 저녁 식사를 하고 각자 관리 현장의 특이사항들에 대한 경험담과 정보공유 등 늦은 시간까지 정다운 대화를 통하여 서로의 마음을 주고받을 수 있었으니, 첫날 밤 시간의 흐름이 야속하고 안타까워 좀 더 부여잡고 싶은 심정이었던 것 같다.

이튿날 아침고요수목원이라는 곳의 꽃길 산책코스로 행복한 힐링의 시간을 보냈던 것과 이벤트 퀴즈를 통해 함박웃음을 지었던 시간. 얼마나 행복했는지 1년이 지난 지금도 그날의 즐거웠던 추억이 새록새록 돋아나는 것 같다.

친구이자 멘토가 되어준 여소회

회사의 조직개편으로 인해 올해는 안양지역의 여소장님들과 함께 하고 있다. 마음이 든든하다고 하는 표현이 맞을지 모르겠지만, 처음 안양팀과의 상견례에서 와인 파티와 강의를 아주 멋지게 준비하여 주신 최은숙 회장님, 서남희 총무님을 비롯하여 특별출연으로 와인 강의를 멋지게 해주신 송용민 8본부협의회 부회장님, 그리고 대단하신 한 분 한 분의 여소회 소장님들. 도움이 필요하다면 기꺼이 자신의 경험담을 비롯한 노하우를 전수해 주시겠다고 약속하신 장기근속 소장님들을 만나면서 또 하나의 든든한 인프라가 구축된 느낌이다.

우리관리 여소회라는 동호회를 통해 가슴 터놓고 말할 수 있는 친구를 얻었고 관리소장으로서 부족함을 메울 수 있는 지식인들을 직접 만날 수 있었다. 내게 더할 나위 없는 큰 축복이다. 허전했던 마음만 채우려 했을 뿐인데, 이렇듯 훌륭한 인프라를 구축하고 좋은 정보와 노하우를 얻을 수 있었으니, 감사가 흘러나오는 것은 당연한지도 모른다.

섬김의 모습으로 살아갈 거야

무엇보다도 관리소장으로의 삶뿐만 아니라, 하문숙이라는 이름으로 살아가는 내 삶의 가치도 다시금 찾아가고 있어서 더 감사하다. 관리소장으로서 또한 하문숙이라는 내 삶의 주인공으로서 어느 것 하나 소홀히 하지 않고 열심히 앞으로 나아가고 싶다.

> '그러다 보면 언젠가는 나도 훌륭한 멘토가 될 수 있
> 겠지? 그래 나도 누군가를 위로하고 지혜롭게 도와주
> 는 멘토가 되고 싶다. 아니 꼭 그렇게 될 거야!'

 나는 단지의 수장인 관리소장이다. 나 스스로는 성실함으로
솔선수범하며, 직원들에게는 배려와 섬김의 모습으로 주민들
께는 역지사지의 마음과 봉사 정신으로 서비스를 제공하고 힘
들 때는 위기가 기회라고 생각하여 내공을 쌓아 나갈 것이다.

> '언제나 적극적으로 열심히 일하다 보면, 조금 늦더라
> 도 언젠가는 반드시 내게도 그토록 바랐던 기회가 돌
> 아올 테니까.'

그리고 내가 더 열심히 배우며 성장함으로써 주민들께는 최상
의 서비스를 제공하고 나를 비롯한 우리관리 소장님들 개개인
의 성장으로 인해 우리관리가 함께 발전하는 그날을 꿈꿔본다.

> "열정과 패기가 있는 우리관리 여소회여 일어나라!
> 더 아름답고 당당한 모습으로 나아가자~"

같이 바라고 꿈꾸며 걸어가자

관리소장 이대수(우리산악회)

나 혼자만의 바람일까?

2012년 10월. 우리관리 본사 사옥을 안양시로 이전하면서 이 날을 기념할 겸 사우들과 관악산 등산을 하게 되었다. 직원들과 함께 땀 흘리며, 산을 오르내리던 순간마다 '이게 바로 가족이구나.'라는 생각이 들었고 이러한 기억이 한가지 바람을 만들어 냈다.

'우리관리도 산악동호회가 있었으면 좋겠다!'

이런 바람은 나 혼자만의 바람이 아니었다. 관악산 등산에 함께 했던 사우들, 그리고 함께하고 싶어하는 적잖은 사우들이 같은 생각과 바람을 갖고 있었다. 2013년 2월, 우리관리 가족이라면 누구나 모여서 같이 할 수 있는 등산 동호회인 우리산악회가 결성되었다. 그리고 첫 산행을 우리관리 본사 근교의 수리산(군포시 소재)으로 정했다. 그렇게 우리산악회는 첫 산행을 시작했다.

참 곱다. 멋있다. 예쁘다. 시원하다. 포근하다. 낭만적이다. 사계절이 공존하는 축복받은 우리나라의 산천초목을 말로 표현하려니 10초도 안 되어 막혀버린다. 너무나 위대한 자연을 어설픈 말로 표현해보려는 나의 욕심이 부질없음을 이내 깨달았기 때문이다. 우리관리 산악동호회, '우리산악회'는 도심 속 자연을 더 가까이서 만끽하며 좋은 친구와 만나는 힐링의 시간을 만들어 가는 통로가 되어 가고 있다.

이대수 관리소장(왼쪽)

같이 채워가는 꿈의 항아리

보통 동호회가 만들어질 때면 회칙과 회원구성, 예산, 스케줄 등 이런저런 머리 아픈 일들로 인해 저마다 인고의 시간을 보내는 것이 일반적이다. 하지만, 우리산악회는 하늘의 복을 얼마나 받았는지 어떤 어려움도 없이 지금까지 잘 지내온 것 같다.

초창기에는 산에 대해 해박한 지식과 경험이 많고 후배들에게 귀감이 되는 심경섭 소장님이 회장을 맡아 우리산악회의 토대를 만들어 주셨다. 이어, 지금은 회장 1명, 부회장 3명, 총무 4명, 산악대장 1명, 산행의 추억을 간직할 수 있도록 사진을 촬영하고 편집하는 편집인 2명이 우리산악회를 이끌어 가고 있다. 또한, 관리소장과 경리대리 등으로 구성된 임원진은 협의체로 운영되며, 회원들이 더 즐겁고 안전한 산행을 할 수 있는 통로가 되기도 한다.

지난 서른한 번의 정기 산행 동안 총인원 1,400여 명이 참여했고 우리산악회에 가입한 정회원은 245명으로 산행마다 40~50여 명의 회원이 참여하고 있다. 2017년 3월 시산제를 겸한 관악산 산행에는 118명이 참여해 대성황을 이루기도 했다.

우리산악회의 정기산행은 매 홀수 달 셋째 주 토요일로 1월에는 겨울 백설과 상고대를 찾아 떠나는 눈꽃산행을, 3월에는 안전하고 즐거운 산행과 아파트 단지의 평안을 기원하는 시산제 산행. 5월에는 진달래꽃을 바라보며 봄을 만끽하는 봄꽃 산

행. 7월에는 시원한 계곡을 찾아 떠나는 계곡 산행 그리고 9월
의 단풍산행. 11월은 한 해를 마무리하는 송년 산행을 하는 등
계절별 특색을 고려해 수도권 근교에 소재하는 명산을 찾아서
산행한다. 정기 산행이 없는 짝수 달에는 번개(테마) 산행으로
정기산행에서는 느끼지 못하는 여유와 취미활동을 하며 산을
즐기고 있다.

> 제가 등산을 하는 이유요? 자연이 주는 편안함으로
> 일상에서의 지친 심신을 달랠 수 있어 좋고요. 맑고
> 신선한 공기를 마시며, 건강한 근력을 키우고 성취감
> 도 느끼게 되니 일석이조라 할 수 있죠. 게다가 무리
> 하지 않도록 평정심도 길z러주는... 정말 좋은 운동임
> 을 잘 아시잖아요~^^;

자연 친구, 사람 친구와 함께 힐링

아! 등산하면서 또 하나 즐거운 일이 있다. 그건 바로 좋은 친
구를 만나는 것이다. 단풍잎 곱게 물든 나무와 맑은 시냇물, 다
람쥐 등 자연의 친구를 만나게 되지만, 무엇보다도 사람 친구
를 만나게 되는 것이 최고다.^^
좋은 친구를 만나는 것은 삶의 즐거움이자 기쁨이라고 하니 서
로 다른 사업장에서 평소 바쁘게 일하다가도 정기적으로 만나
함께 산행하게 되면, 이보다 좋은 것은 없는 듯하다. 서로 안부

를 전하며 호연지기를 통해 건강한 정신과 체력을 다지는 시간이 되는 것은 물론이다. 평소 업무를 하면서 궁금했거나 어려웠던 점에 대해 선배와 동료들로부터 조언까지 들을 수 있으니, 산행이야말로 한 걸음 한 걸음 성장해 가는 놀이와 성숙한 교류의 시간이라 하기에 제격이다.

> '같이' 바라고 '같이' 꿈꾸고 '같이' 걸어가는 우리 산악
> 회, '같이' 한다면 모두가 행복한 좋은 일이 있을 거
> 라 믿는다.

지난 2018년 1월 20일에는 강원도 정선에 소재하는 함백산(1672.9m)을 정기산행 했다. 따뜻한 일기로 인해 겨울 산행의 백미인 상고대를 마음껏 즐길 수는 없었지만, 그래도 높은 산(남한에서 여섯 번째로 높은 산)이라 많이 남아 있는 잔설에 푹 빠져 멋진 설산을 감상하고 "살아 천년, 죽어 천년"이라는 주목이 멋지게 눈으로 덮여 있는 길을 따라 능선 산행도 하니 마치 내가 겨울 산의 남자라는 착각마저 들었던 기억이 있다. 나이 60이 되어 잔설이 있는 비탈길에서 마음껏 엉덩이 눈썰매를 타며 보낸 시간은 마치 동심의 세계로 들어가 피터팬이 된 느낌이랄까? 여하튼 산행은 내 안의 또 다른 나를 발견하는 시간이 되는 것 같다.

이렇듯 우리산악회는 우리관리에 근무하는 모든 가족에게

만남의 장소이고 소통의 창구이며, 즐거움을 같이 나누는 광장이 된다. 산을 사랑하고 산을 오르며 정을 나눈다.

 우리는 하나라는 일체감을 통해 건강한 생활을 꿈꾸는 우리 관리 가족 여러분~. 우리 함께 홀수달 셋째 주 토요일에 만나서 산행을 함께 해요~ 아셨죠?

커뮤니티 활성화 프로그램

우리관리는 보람 찾는 직장이란 경영이념에 따라 즐거운 직장 문화를 만들어 가고자 같은 취미활동을 하는 직원들 간 동호회를 결성하고 적극적으로 참여할 수 있는 환경을 제공하고 있다. 여성 소장들의 모임인 여소회, 산을 좋아하는 사람들의 모임인 산악회, 마라톤동호회 우마동, 음악으로 봉사활동을 실천하는 우음사 등이 있다.
-
특히, 기업의 사회적 책임에 동참하고자 봉사활동을 펼치는 우리경리사랑실천모임(우사모)과 해피우리봉사단(해우봉)은 수년째 경로당 청소, 장애인 목욕, 반찬 만들기, 김치 담그기 등 사회적 약자들을 위해 봉사활동을 실천해 업계 모범사례가 되고 있다.

해피우리봉사단

우리산악회

우음사

새로운 도전, 새로운 도약

관리소장이어서 행복합니다

관리소장 김정임

29세. 회사생활을 하다가 결혼해 아이를 낳고 사회로 복귀하고자 했을 때 나를 기다려준 일자리는 없었다. 시아주버니의 제안으로 아파트 경리를 하다가 주민들을 상대하고 남녀노소 누구나 다 맞춰야 한다는 것이 꼭 엄마의 마음과도 같다는 걸 느끼면서 내 나이 40쯤 되면 관리소장이 되어야겠다는 목표를 세웠다. 나의 부족함을 채우려고 방송통신대학교를 다니면서 일과 학업을 병행했다. 그리고 주택관리사 시험에 합격해 우리 관리 관리소장 공채에 도전하게 되었다. 살 떨리는 면접이었지만, 나는 당당하게 말했다 "엄마와 같은 마음으로 관리하겠습니다!" 그렇다. 남들보다 아파트를 오랫동안 근무했던 직원으로서의 경험이 있었기에 두려움 없이 어느 자리에서도 난 잘해낼 수 있다는 자신감이 있었다.

남자 소장도 아닌 여자 소장이 왔다고?

 공식적인 첫 배치가 있기 전 본사에서는 2,000세대 경리로 2 개월, 200세대 소장님이 다쳐서 공백인 사업장에서 업무대행 2개월의 경험을 통해 초보관리소장으로서 워밍업을 할 수 있 는 계기를 만들어 주었다. 그리고 공식적으로 852세대라는 큰 단지에 배치해 주셨다. 그때 떨리는 심장 소리는 아직도 생생 하다. 나름대로 자신감이 컸지만 큰 단지를 내가 잘 이끌어나 갈 수 있을까 하는 두려움이 더 컸다. 대표들을 처음 대면하는 자리에서 나를 향한 여자 대표님의 시선은 곱지 않으셨다. 그 분의 표현을 빌리자면 "야리야리하고 그것도 새파랗게 젊은 여 자가 무슨 소장을 하겠어?"라는 것이다. 틀린 말은 아니었다.
 관리소장이라 하면 남자들이 대부분이고 여자는 아직 많이 선 호하지 않았던 사회적 관념 때문에 난 곱지 않은 시선을 받았 고 3개월만 지켜보다가 못한다 싶으면 바꾸자는 대표들의 모 습을 바라볼 수밖에 없었다.

관리사무소가 먼저 바뀌어야 입주민도 바뀐다

2014년 7월 1일. 나는 그렇게 관리소장의 첫 걸음을 시작했다. 하루에도 두세 번씩 순찰하고 나면 온몸은 땀이 비 오듯 젖고 여자의 장점을 살려서 세심하게 살펴보니 내부와 외부에 변화 시켜야 할 것들이 많았다. 한번은 민원 응대 시 불친절한 태도 에 대해 직원들을 문책하던 중 "에이씨"라며, 지시사항을 거부

하는 직원들을 본의 아니게 한번에 전원 다 교체하게 되었다. 그 과정에서 오랫동안 근무했던 직원들이 몇몇 친한 주민과 교류를 통해 소장이 부당하게 본인들을 잘랐다는 말을 퍼트렸고 이에 항의하러 오는 주민들도 있었다. 재계약이 불과 두 달밖에 남지 않은 상황에서 무리수를 둔 경우지만, 기존에 나태했던 직원들의 모습과 달리 새로 채용된 직원들의 성실한 모습으로 인해 단지의 분위기가 바뀔 수도 있겠다는 생각이 들었다. 그해 겨울에는 정말 부지런히 눈을 치우면서 단지의 변화된 모습들을 보여주었다. 직원들이 열심히 일한 모습을 게시판에 공고하면서 입주민들과 소통했고 부임 7개월 만에 재계약에 성공하게 되었다. 이후에는 먼저 관리가 안 된 조경을 새롭게 하느라 매일 땅을 파서 뒤집고 나무를 이식하면서 눈에 보이는 부분부터 변화를 주기 시작했다.

지치고 힘들 때 나는 혼자가 아니었다

관리소장 1년 차를 지나던 2015년 11월. 작은아이의 교통사고로 절망의 벽에 부딪히기 시작했다. 사경을 헤매는 아이의 간호를 위해 회사를 그만둘 수밖에 없었다. 어쩔 수 없이 대표들에게 어렵게 이야기를 꺼냈는데, 오히려 얼마가 걸려도 좋으니 편하게 간호하라며 휴가는 얼마든지 주겠다고 말씀하셨다. 그렇게 해서 두 달 간 아이 간호를 위해 아침에 잠깐 출근후 병원으로 퇴근하는 과정을 반복했고 아이는 무사히 퇴원할 수 있었다.

나에게 일이 없었다면, 이런 힘든 고통의 시간을 이겨낼 수 없었을 텐데. 나를 위로해 준 것도 일이었고 나를 버티게 해 준 것도 일이었다. 내게는 관리소장이라는 주어진 소명이 있었고 혼자가 아니었다. 기약 없는 상황에서도 나를 기다려 주고 응원해 주시는 분들이 계셨기에 다시 일어설 수 있었다.

김정임 관리소장(오른쪽에서부터 네 번째)

새로운 도전의 시작

2016년 8월에 모범관리단지 신청하라는 공문을 받고 나서 내가 근무하는 동안 나를 위해 배려해준 이곳에서 모범관리단지 현판을 꼭 달아 드리고 싶다는 욕심이 생겼다. 우리관리의 좋은 시스템을 바탕으로 모범단지를 만들기 위해 부족한 것들이 무엇인지 먼저 파악하고 남녀노소 모두가 같이 어우러져 쉽게 할 수 있는 일이 무엇일까 고민하다가 계단 오르기 캠페인을 진행했다.

캠페인을 시작으로 한걸음씩 주민들과 더 가까워지는 계기가 되었다. 더운 여름에는 경비실에 얼음물을 비치하면 좋겠다는 생각에 사회복지사협회의 후원을 받아 3개월간 얼음물을 기증받아 비치했다. 덕분에 입주민의 자원봉사를 이끌어내고 단지를 위해 고생하시는 경비원, 미화원들에게 시원한 얼음물 한 병을 나눌 수 있게 되었다. 관리동 앞에 소통나무를 식재하여 입주민 창작품 공모전을 통해 감성을 끌어내기도 했다.

이후 누구나 할 것 없이 반가운 미소로 다가와서는 "소장님이 오시고 단지가 달라져서 너무 좋아요."라고 말할 때마다 '모범단지로 평가받지 않아도 우린 이미 모범단지가 되고 있구나'라는 생각이 들고 감사가 절로 나오기 시작했다. 국토부 공모전을 준비하면서 평가사절단님의 말씀은 "여기는 보여주기식이 아닌 정말 실천하고 있는 아파트네요"라고 평가해 주셨다. 간절히 바라던 국토부 주관 최우수관리단지 선정 공문을 받고 나니 온통 주변에 고마운 분들만 생각났다.

나를 관리소장의 길로 인도해준 우리관리. 관리소장의 아픔을 이해하고 배려해 주신 대표님들. 단지를 변화시키느라 고

생한 우리직원들. 우리의 노력마다 감사 인사로 응해주시는 우리 주민들...

관리소장의 첫걸음에서 가장 값진 열매를 맺게 된 것은 비단 나만의 노력이 아니었다. 처음 여자라서 곱지 않은 시선을 받았지만, 여자라서 해낼 수 있었다는 생각에 흐뭇하다.

물론 처음에 나를 곱지 않게 보던 대표님은 누구보다도 더 든든한 아군이 되어서 내가 무엇을 하든지 두 팔 벌려 도와주신다. "내가 그때 우리소장님을 보냈으면 우리아파트 이런 경사도 없었을 텐데 소장님이 안 오셨으면 어쩔뻔했어"라며 김치가 떨어질 때쯤이면 항상 김치를 담아주시고 절에 갈 때마다 단지에 이상한 사람들이 나를 괴롭히지 말라고 불공을 드려주신다. 내가 관리소장이 아니었다면 어디서 이런 대접을 받을 수 있을까? 싶은 것이 관리소장이어서 행복하고 단지를 관리하는 이 일에 보람을 느끼게 된다.

위기가 기회가 되었고 전국 1등 아파트라는 부상도 받았으니 참으로 감사한 날들을 살고 있다. 앞으로도 우리관리와 함께 늘 부족함을 채우면서 도전하는 관리소장이 될 것이라고 다짐해 본다.

춤추는 고래의 꿈

관리소장 김순태

주변을 의식한 토끼가 아닌, 정상을 향해 걸어가는 거북이

'주택관리사 12회 합격, 우리관리 관리소장 공채6기'

이 한 줄이 그동안 나를 열정의 한복판에서 앞으로 나아가게 했던 모티베이션이다. 하지만, 5년 전 김포한강한가람LH2단지에 부임해서 인근 소장들 사이에서 주야장천 들은 말이 있다.

"김소장, 너무 잘 하려고 하지 마요."

"거, 중간만 해. 아이구, 난 피곤해서 안 해"

"직원들이 싫어한다. 너..."

나는 칭찬에 춤추는 고래다. 나를 생각해서 하는 말들이었지만, 나의 바람과는 달랐기에 시간이 지날수록 나는 의기소침해지고 외로웠다.

나는 우리 관리소장이다

그러나 '아파트관리 3년이란 중장기 계획을 세워서 하나씩 실천해보자. 가장 살기 좋은 아파트를 만들어보자'던 나의 목표와 노력은 흔들리지 않았다. 오히려 주변의 우려가 나를 더 강하게 만들었다.

시설물의 재정비를 통한 단지의 안정화, 관리비 절감을 위한 계획과 실천부터 공동체활성화에 이르기까지 더 이를 악물고 직원들과 함께 호흡하게 되었고 마침내 목표한 만큼은 아니지만, 전반적으로 관리품질 향상을 이끌어 낼 수 있었다.

시간이 흘러 3년 차에 이르자 외부에서도 관리사무소를 바라보는 시선을 달리하기 시작했다. 2017년 LH가 매년 실시하는 단지관리 종합평가에서 786개의 임대아파트 단지 중 최우수라는 성적을 거두게 된 것이다. 일반관리, 시설유지관리, 안전관리, 하자 및 일상보수, 재활용 및 에너지 절약, 입주민 만족도, 커뮤니티 등 7개 분야에서 모두 우수한 평가를 받았다.

그 순간 함께 고생해온 직원들에게 내 마음의 표현을 다 하지는 못했지만, 정말 고마웠고 주변의 우려로 의기소침했던 내 마음은 자신감으로 채워졌다. 그리고 누가 뭐래도 목표한 바대로 나아가는 소장으로 인정받는 분위기를 실감할 수 있었다. 정말 한동안은 입주민들로부터 받는 칭찬과 격려로 즐겁게 춤을 추며 지냈던 것 같다.

　'나의 지난 노력이 똥고집이 아니라 인내라는 긍정적
　단어로 비쳐야 할 텐데...'

아무튼 나는 그때만 생각하면 지금도 마냥 즐겁기만 하다.
중간만 하라던 타 소장님께서도 이제는 '쟤도 하는데 나도 해봐
야지.'라고 생각했을지 모른다.

올바른 길, 가능성이 있다면 나는 도전한다

나의 또 다른 이름은 가능성이다. 이 또한 나만의 슬로건이지
만, 실제로 나는 단 한순간도 그만할까? 라는 생각을 하지 않았
다. 많은 생각을 통해 이 길이 나의 길이며, 옳은 선택이란 확신
이 있었기 때문이다.

한번은 작년에 부임하신 본부장님이 지역협의회 모임에서 나
를 한 번도 본 적이 없다고 하셨다. 내심 서운했지만, 덕분에 '
그래, 입사 9년 차에 소리 없이 강한 관리소장이 되어보자'며
새로운 도약의 의지를 불태우는 계기가 되었다. 물론 아직은
내가 소리 없이 강하다는 전제가 남들에게 '가정'에 불과하다.
'하지만, 기다리시라. 그 가정이 내 후년에는 명제가 될 테니
까. ㅎㅎ'

2009년도에 노원구의 한 학원에서 주택관리사를 공부했던

시절. 미어터질 듯한 강의실의 앞자리를 잡기 위해 그렇게 애쓰고, 날이 새도록 공부했던 기억이 있다. 주택관리사에 합격하고 이어서 우리관리 관리소장 공개채용에도 합격했던 기억도 선명하다.

당시 나는 간절함이 있었고 확 단번에 눈에 띄는 성과를 내진 못하더라도, 꾸준히 노력하면서 최선을 다한다면 반드시 좋은 결과가 있을 것이라는 희망을 안고 있었다. 덕분에 지금까지 관리소장으로서 맡은 책임을 다할 수 있었던 것이란 생각도 든다.

새로운 목표를 향한 도전의 시작

물론 경험이 풍부하고, 화려한 기술과 능력을 겸비하신 우리

관리 소장님들을 뵙게 될 때면 어쩔 수 없이 좌절했던 날들도 있다. 본사에서 교육을 마치고 돌아올 때도 어쩜 그렇게 새롭고, 또 익혀야 하는 정보와 사례들은 얼마나 많은지... 아쉽게도 이런 생각은 지금도 변함이 없다. 그만큼 내가 배워야 할 것과 경험해야 할 날들이 많다는 의미일 것이다.

나는 평범한 아줌마다. 어떤 성취를 이루어낼 때마다 나를 아껴주고 지지해 주시는 분들. 항상 믿고 서로 의지하는 동료직원들이 곁에 있었고 본사의 알찬 시스템 덕분에 자신감 있게 전진할 수 있었다.

그리고 앞에서 끌어주고 뒤에서 조용히 밀어주며 힘을 보태준 동료들과 선후배 소장님들의 도움이 지금의 나를 있게 했다. 사실 지금의 나 자신 그대로도 마음에 들지만, 우리관리 관리 소장으로서 그 책임의 무게를 느끼며, 미래의 나는 조금 더 나아지길 소망해 본다. 나는 그렇게 새로운 목표를 향해 다시 도전할 것이다.

대외적으로 인정받는 우리관리

우리관리는 전국의 아파트를 대상으로 6개 단지를 선정하는 국토부 주관 우수관리단지 공모전에서 최근 5년 동안 최우수상 2회, 우수상을 5회 수상했다. 지자체 별 우수관리단지 공모전서도 매년 60여 사업장이 우수관리단지로 선정되며 대외적으로 관리능력을 인정받고 있다.

2017년 국토부 선정 '공동주택 우수관리단지'
최우수 | 구의7단지현대 고문정 소장(좌)
우수 | 양주자이4단지 김정임 소장(우)

2018년
저탄소생활 경영대회 최우수상

송도더샵그린워크1차 김종경 소장

2018년
남양주 공동주택 동행 페스티벌

별내별사랑마을2-2단지 정성수 소장
다산한양수자인리버팰리스 조명화 소장
별내별빛마을3-5단지 박희숙 소장

2018년
인천시 모범관리단지

송도더샵그린워크3차17블록
성화순 소장

인생 제2막을 지날 때

고맙습니다

관리소장 하호성

인생 제1막 - 건설의 중심에서 새로운 길을 찾다

어느새 인생 제2막의 삶을 살면서 지난날을 되새겨본다.

1970년대는 중동 사우디 리야드 현장에서.

1980년대는 울주군 온산 공업단지에서.

1990년대는 전국 아파트단지와 공업단지 전기, 소방, 계장공사 현장 소장으로 근무했다. 하지만, 2000년 10월 충남 당진 한보철강 사태의 여파로 나는 새로운 삶을 시작해야 했다. 많은 생각과 고민이 앞을 가렸지만, 우연히 당진청구아파트 관리과장으로 근무하게 되면서 아파트 관리업에 발을 들이게 되었다. 지난날 수많은 아파트 공사경험 덕분에 관리과장으로 근무하면서 관리세대와 공용시설물을 누구보다 쉽게 해결할 뿐만 아니라 아파트시설물 개선을 통해 관리비까지 절감하니 주민들과 입주자대표회의로부터 신뢰를 듬뿍 받기도 했다. 그러나 여전히 가슴 한편에는 지금의 내 모습이 인생 2막으로 부족하다는 생각이 남아있었다.

그러다가 문득 인생 제2막을 주택관리사로 시작하는 것도 좋겠다는 생각이 들었다. 2008년 제11회 주택관리사 시험을 위해 2008년 5월 사표를 내고 3개월 동안 주야로 노력한 끝에 2008년 9월 7일 제11차 주택관리사 시험에 합격했다. 이후 2008년 10월 평택의 입주아파트 영화블랜하임 관리과장으로 입사하면서 관리업계 전국 1위 업체인 우리관리 관리소장 공개채용에 지원했다. 결과는 아쉽게도 2차 면접에서 불합격 통보를 받아 내심 서운한 마음이 가득했던 기억이 있다.

인생 제2막 – 포기하지 말자. 다시 만난 우리관리

하지만, 인연이란 참 희한하다. 나는 우리관리 관리소장 공개채용 심사 진행 중인 2008년 12월 23일. 우리관리가 관리를 시작한 지금의 오산 고현아이파크 입주아파트 관리과장으로 근무하게 되었으니 말이다. 이후 좋은 평가를 받아 2011년 6월. 주택관리사 시험 합격 3년 만에 드디어 관리소장으로 승진했다. 그리고 지금까지 우리관리 관리소장으로 근무하고 있다.

돌아보면 우리관리 관리소장이 되기 전, 관리소장 임명장 수여 때 정직하고 신뢰받는 관리소장, 도전하는 관리소장이 되길 바라며, 관리의 전문화와 차별화를 실천해 브랜드화를 이루라는 노병용 대표님의 말씀이 내가 그동안 느끼고 생각했던 관리지침과 일치했고 더 자신 있게 관리를 시작하는 계기가 되었던 것 같다.

이후, 회사방침에 따라 대표이사의 대리인으로서 사업장에서 여러 여건상 추진하지 못했던 시설물 개선 사항을 입주자대표회의에 보고하고 대폭 개선작업에 돌입했다. 그리고 관리비 절감이라는 성과로 입주민들께 신뢰를 얻는 동시에 우리관리 2012년 제3회 관리비절감 경진대회 우수상, 2013년 제4회 관리비절감 경진대회에서 특별상을 받는 영예를 얻기도 했다.

훌륭한 관리소장님들이 많이 계셨고 내게 부족한 부분이 있었음에도 2회 연속 수상하게 된 배경으로는 내가 본사 관리 방침을 정확하게 반영하려는 노력을 심사위원들과 회장님, 대표이사님께서 긍정적으로 평가해주셨기 때문이라 생각한다.

더욱이 우수 관리소장들과 함께 제1회 해외 연수팀에 합류할 수 있는 기회를 주신 것에 대해서는 지금까지도 부끄러움과 동시에 감사한 마음으로 남아있다. 일본연수를 통해 폭넓은 주택관리 현장을 체험하고 이후, 새로운 지식을 토대로 더 멋진 관리를 하고 있음은 물론이다.

끊임없는 노력이 아름다운 결실을 맺으리니

지금 나는 2008년 12월 입주부터 고현아이파크 관리과장 3년, 관리소장 9년차로 4번의 재계약으로 현재 12년 차 근무 중이다. 타 주택관리회사의 경험까지 포함해 22년. 무엇인가 생각하고 실천하려다 보면 흘러버리는 세월. 긴 세월이라고 할 수도 있지만, 한편으로는 짧은 20여 년이다. 훌륭하고 장기 근속하신 선배 소장님들에 비해 여전히 많이 부족하지만, 이제 주택관리업에 몸을 담은 후배 소장들께 전하고 싶은 말이 있다.

> 시설물과 일반민원 등 모든 것은 관리에 앞서 입주민의 입장에서 생각해야 합니다. 고객의 만족과 불만은 차후의 문제. 먼저 입주민의 입장에서 민원을 받고 문제를 해결하려 노력한다면 터무니없는 불만도 이해할 수 있고 그들도 우리를 이해해주는 고객으로 남게 됩니다. 막무가내 입주민이라 해도 설득하려 하지 말고 충분히 항의도 듣고 같이 해결하려는 노력이 중요해 보입니다. 오늘이 안 된다면 일주일, 1년 아니 3년이라도 인내하며 노력한다면 반드시 우리를 기억하고 신뢰할 것입니다.

지금의 아파트에서 근무해온 12년간 나 또한 여러 번 다짜고짜 험한 욕설과 멱살을 잡히는 고난을 겪은 경험이 있다. 하지만, 진심으로 입주민을 이해하며 문제를 해결하고자 했다. 이로 인해 너무 미안했던 것은 나뿐만 아니라 직원들까지 더 큰 고충을 겪어야 했다는 점이다. 정말 가슴은 울어도 끊임없이 입주민의 처지를 이해하려 노력해왔다는 것이 더 적합할 듯하다. 그래서 우린 오늘도 웃으며 고객을 맞이해야 하고 입주민들의 안전과 편의를 위해 노력해야 한다.

감사가 넘쳤던 지난 시간, 새로운 항해

한편 우리는 기억해야 할 것이 있다. 우리가 근무하는 아파트들은 우리 관리소장들 개인이 수주해 스스로 근무하는 것이 아니다. 회사에서 수주하고 우리를 대리인으로 파견하였기에 우리는 맡은 현장에서 항상 본사의 지침을 명심함으로써 안전하고 쾌적한 환경으로 관리해 나가야 한다. 한번 맡은 사업장은 10년이라는 장기적인 관리목표를 세워 누가 뭐라고 하든지 책임감 있게 투명하고 체계적으로 관리해야 한다.

비단 주택관리회사만 해당하는 것이 아니기에 나는 때때로 용역업체들에도 말한다. 계약일이 임박하여 보여주기식 행동을 하지 말고 평소에 관심을 두고 노력하면서 재계약을 준비하라고 말이다. 2~3년의 계약 기간 동안 변함없이 지속적인 서비스와 친절로 시설을 관리하고 입주민의 입장에서 노력한다면 모든 것은 아닐지라도 반드시 일정 부분 원하는 바를 얻을 수 있으리라 생각한다.

지금도 변화의 중심에 서 있는 주택관리업. 하지만, 이제 곧 짧은 시간 내 더 큰 변화가 올 것이라 여겨진다. 선진 주택관리문화를 선보이는 일본과 같이 우리의 직업은 지금보다 훨씬 더 전문화된 전문직으로 변화될 것이며 주택관리문화의 변천 속에 회사는 지금보다 더 큰 브랜드화 된 회사로 성장할 것이다.

따라서 우리는 준비해야 한다. 변화에 이끌려가는 사람이 아니라 변화를 이끌어가는 사람이 되기 위해 낙오자가 아닌 선도자가 되기 위해서 말이다.

나이 71세가 되니 한 해가 다르게 살아온 모든 시간이 감사였음을 깨닫게 된다. 부족한 것만 보았고 내가 다 채우지 못해 넘치는 감사를 보지 못하였으나, 결국 나를 깨우는 것은 세월이 아닌가 싶은 생각이다. 3년이란 시간을 보내며 그토록 소원했던 관리소장으로서 인생 제2막의 직업을 갖게 해준 회사에 감사하고 혼자가 아닌, 함께여서 고마웠던 우리 관리사무소 직원들. 앞에서 끌어주고 뒤에서 밀어준 우리관리 선후배 소장님들 모두에게 진심으로 감사드린다.

이제 나는 관리소장으로서 얼마나 더 근무하고 은퇴할지 모른다. 단지 지금 이 시간의 귀함을 알기에 아쉬움이 남지 않도록 더 노력할 것이다. 새로운 인생 3막을 준비하면서...

시니어 소장 현황

2019년 4월 기준, 우리관리 1091명의 관리소장 중 만 60세 이상 시니어 관리소장은 총362명에 이른다. 20~30년 전 과거와 달리 최근에는 여성 관리소장 비율이 점차 높아져 전체 관리소장 중 여성 관리소장이 27%에 이르는 것으로 나타났다. 최고령 관리소장은 76세(남), 최연소 관리소장은 36세(여)다.

(2019년 04월 기준)

성별	남	여	총합
30대	1	1	2
40대	85	89	174
50대	372	181	553
60대	308	24	332
70대	30	0	30
총합	769	295	1,091

—

포토 갤러리
Photo Gallery

—

예비 관리소장 공개채용
오리엔테이션

우리관리는 동종업계 경력이 전무한 예비 관리소장들의 업계 이해 및 빠른 업무 적응을 위해 지난 2020년 1월 16일부터 18일까지 3일간 오리엔테이션을 개최했다.

오리엔테이션은 현장견학을 시작으로 우수관리 사례 소개, 법무·인사·노무·회계 등 직무교육을 실시했다.

공채연합모임 및
새내기 관리소장 환영식

매년 4월에는 공채 관리소장 및 본사 임직원들이 참석한 가운데 '공채연합모임 및 새내기 관리소장 환영식'을 개최하고 있다.
연합모임은 신입 공채 소개, 관리소장들의 장기자랑, 초대가수 공연 등 다채로운 프로그램으로 채워진다.

위풍당당 14기 가자! 가자! 가즈아!!

관리비 절감 및
서비스 개선사례 경진대회

관리비 절감 및 서비스 개선사례 경진대회는 2010년부터 개최해
2019년 제10회째를 맞이했다. 매년 각 사업장을 대표하는 관리
소장들이 관리비 절감, 주민 공동체 활성화, 고객감동 서비스 사례
등 모범사례를 발표하고 선의의 경쟁을 펼치는 축제의 장이다.

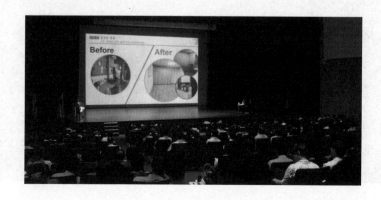

제10회 관리비절감 및 서비스 개선 사례 경진대회

2019년 6월 11일(화)

우수 관리소장 해외연수

우리관리는 공동주택의 선진 관리기법 습득을 위해
2013년부터 우수 관리소장 10여 명과 함께 2년을
주기로 2박 3일간 해외연수를 실시해 왔다.

2019 제4기
우수관리소장 해외연수
WOORi 우리관리주식회사

1. 해외연수 1기 - 2013년 11월 일본 도쿄 탐방

2. 해외연수 2기 - 2015년 9월 일본 오사카 탐방

3. 해외연수 3기 - 2017년 9월 일본 도쿄 탐방

4. 해외연수 4기 - 2019년 10월 일본 도쿄 탐방

우리관리 체육대회

우리관리는 동료직원 간 친목을 가지며 하루만큼은 제대로 즐길 수 있는 자리를 마련하자는 취지로 매년 가을이 되면 본사 및 사업장 임직원 등 1,400여 명이 참석한 가운데 '우리관리 체육대회'를 개최하고 있다.

한마음대회

우리관리의 한마음대회는 연말을 맞이해 전 사업장 관리소장이
한 자리에 모이는 대표적인 행사로, 한 해 동안 각자의 사업장에
서 아파트를 비롯한 집합건물 관리에 열심히 매진해 온 관리소
장들을 격려하기 위해 마련된다.

나는 우리 관리소장이다

ⓒ 우리관리주식회사, 2020

초판 1쇄 발행 2020년 3월 6일

지은이   하호성 외 19인
펴낸이   이기봉
편집   우리관리주식회사 브랜드경영실
펴낸곳   도서출판 좋은땅
주소   서울 마포구 성지길 25 보광빌딩 2층
전화   02)374-8616~7
팩스   02)374-8614
이메일   gworldbook@naver.com
홈페이지 www.g-world.co.kr

ISBN   979-11-6536-197-6 (03590)

이 도서의 국립중앙도서관 출판예정도서목록(CIP)은 서지정보유통지원시스템 홈페이지(http://seoji.nl.go.kr)와 국가자료
공동목록시스템(http://www.nl.go.kr/kolisnet)에서 이용하실 수 있습니다. (CIP제어번호 : CIP2020008910)